U0549757

訂閱變現

打造10萬潛在客戶，
讓會員價值飆3倍！
揭開高轉換率、高續訂率的祕密

PREDICTABLE PROFITS

Transform Your Business from One-Off Sales to Recurring Revenue
with Memberships and Subscriptions

Stu McLaren
史都·麥克拉倫——著　許可欣——譯

目錄 CONTENTS

第二篇

吸引會員——如何製作高轉換率的登陸頁面？

第三篇 服務會員——四種不同的會員制模式

第四篇 會員變現——讓會員無法拒絕的銷售提案

第五篇　留住會員——讓會員終身價值提升三倍

目錄 CONTENTS

獻給我的孩子，

瑪拉和山姆：要保持好奇心，

追隨你的興趣，並永遠懷著慷慨的心付出。

獻給我的妻子，

艾咪：感謝妳始終相信我，

並讓我的世界充滿更多可能。

我好愛妳。

獻給我的父母：

你們給了我兩份最珍貴的禮物：

做自己的自信與追逐夢想的勇氣。感謝你們。

獻給我們的社群：

我們正在一起改變這個世界的一隅，

謝謝你們激勵我持續分享這些內容。

推薦序

掌握一〇%優勢，在準備好之前就啟程

艾咪・波特菲爾德（Amy Porterfield），線上行銷專家

你知道那種感覺嗎？當你遇見某個人，一切都一拍即合，就像第一次見到最好的朋友，心裡想著：「就是他了！就是這個人！」這正是我與本書作者史都・麥克拉倫（Stu McLaren）初次相識時的感受——他是我的「工作老公」，是花生醬遇上巧克力般的完美搭檔。

從我們在一個菁英學習社群（mastermind）中相識，到和他同樣名為艾咪的出色妻子站在舞台上，為他們的慈善機構募資超過十萬美元，我就知道這個人的價值觀、動力和熱情與我完美契合。

或許，用「最好的朋友」來開場介紹一本商業書籍，顯得有些不符常理，但這是麥克拉倫的書，也是我唯一會這樣介紹的書。

這是因為他的價值遠遠超過商業策略，最重要的是他內心深處的本質。他激勵身邊的每一

個人，以真誠的心領導大家，他的所作所為都散發著助人的熱情。這篇推薦序和我寫過的任何一篇都不同，因為他本身就與眾不同。

在你深入閱讀之後，很快就會明白原因。他迷人的個性、寬廣的胸懷，加上充滿感染力的能量，使他打造高獲利企業的願景更加令人振奮。他努力在事業中打造有意義且持久的影響力，這與他深信不移的核心價值相契合。

我在最近一次麥克拉倫為我的社群主持的問答環節上，親眼見證了這一點。那次活動有上千名線上課程創作者參加，當時的討論原本圍繞著如何打造會員方案，以及如何將其與數位課程結合，但很快發展成更深層的對話。

麥克拉倫以一貫真誠的方式，分享了與孩子相處的珍貴時光，以及孩子在他眼前成長時，時光飛逝得如此快速。他接著談到，這就是他做這一切的理由，並且影響他創造可預期的利潤、經營事業和生活的方式。他展現的脆弱感動了所有人，包括他自己。很明顯，他的會員模式和經營理念不僅有效，還具有意義，因為它源於一個目的，那就是創造一種人生，讓自己能真正專注於最重要的事。

正是麥克拉倫強調的這種時光飛逝的感覺，我希望在你準備深入閱讀本書、並在自家企業中創造可預測的獲利時，與你共勉。

和麥克拉倫一樣，我了解建立成功的事業並不是一開始就要擁有所有答案，而是要快速行動，不要浪費任何時間，哪怕一切仍然充滿不確定。

你越早邁出第一步，你就能越快學習、成長並完善你的方法。等待「完美時刻」的出現，只會延遲你的進展；然而採取行動，即使不完美，還是可以向前邁進。事實上，從來沒有完美的時刻，只有你決定開始的那一刻。

你不需要完美規劃每一步，事實上，許多成功的企業家最初只是從一個「初步構想」開始，並在過程中逐步完善他們的事業。以我自己的旅程為例：我從客戶服務開始，轉向臉書廣告教學，現在主要是培訓他人打造線上課程。這樣的演變來自於不斷調整和精進商業模式，證明了起點不一定會決定終點。

如果我不是在還沒準備好的時候就踏出第一步，我不會走到今天——做著自己熱愛的工作，享受超乎想像的財務和時間自由，而不是被困在朝九晚五的生活中。

關鍵在於專注進步，而非追求完美。我再怎麼強調都不為過：在你還沒準備好前就開始，並且持續生產、測試、學習和改進，你的事業成長和獲利就會發生。

你不必一直創作突破性的作品，但如果你穩定產出，並提供價值，受眾和顧客就會知道他們可以信賴你。這種信任和可靠性，是可預測獲利的真正基礎。

正是這種持續不斷的行動，能帶來長久的成功，而這也正是麥克拉倫在其商業策略中所展現的精神。當你採取行動，並實踐本書內容時，請記住，你不需要具備全天下的經驗。

我學到的最具啟發性的內容之一，就是專注於自己一〇％優勢的重要性。你不必是所有領域的專家，或擁有多年的經驗才能提供價值，你只須領先你的觀眾幾步（大約一〇％）即可。你獨特的觀點，加上引導他人從現狀走向目標的能力，就是讓你真正與眾不同的地方。

發揮你的所長、真誠地分享你的旅程，並相信你的聽眾會產生共鳴，這種心態將幫助你建立一個能與人產生連結、改變生活並反映你核心價值的事業，就像麥克拉倫所做的一樣。

在你翻閱這本書，吸收他分享的智慧時，請記住，邁向可預期獲利的旅程需要你對事業的投入，以及忠於自己最深層價值的承諾。每個章節都將引導你邁向財務成功，並幫助你建立一個與你價值觀契合的事業。

雖然麥克拉倫提供了創造財富和豐富人生的藍圖，但將這些原則付諸行動是你的責任。透過行動，你不僅投資了自己的未來，也投資了那些將受你影響的人的未來。

準備好踏上旅程，這將改變你看待工作、看待成功以及你希望在世上留下足跡的方式。

作者序

會員制度如何改變你的人生

你好，我是麥克拉倫！現在，讓我告訴你為什麼我有資格談論會員制度的魔力。回到二〇〇五年，那時我只是個二十出頭的年輕人，懷抱著創業夢想。然而，唯一的問題是——我還住在父母家的地下室。我多希望自己當時有個完美的計畫，完全知道自己要做什麼。但現實是，我毫無頭緒，我不知道自己想創立什麼事業，也不知道要賣什麼產品，甚至連第一步該怎麼走都毫無概念。唯一確定的是：我不想穿西裝打領帶，也絕對不想困在辦公室隔間裡。

為了尋找方向，我把所有精力投入自我成長，參加各種研討會，讀遍每本能找到的勵志書籍，努力想找出能過上好生活的方法。那時，「數位創業」這個概念才剛剛興起，而我對透過網路經營事業的想法深深著迷，畢竟，我住在加拿大安大略省一個只有四千人口的小鎮——沃特福德（Waterford）。

幸運的是，我找到一位導師，邀請我擔任他的「聯盟行銷經理」。基本上，我的任務是訓練人們有效銷售他的產品，他告訴我，我「擅長與人相處」，有扎實的行銷思維，也能讓事情保持簡單，因此很適合這個職位。

結果，這個角色成為我職業生涯的催化劑。身為聯盟行銷經理，我參與所有大型行銷活動的幕後運作，並且有機會認識導師的許多朋友，這些人都在協助推廣他的計畫。一切進行得很順利，我們取得驚人的成果。沒過多久，隨著口碑擴散，越來越多數位創作者主動聯繫我，希望我幫他們管理聯盟行銷計畫。幾個月內，我就建立起一門真正的生意，擁有許多高薪客戶。我夢想成真，但還是住在爸媽家的地下室！

經過幾年的穩定成長，我和女友艾咪結婚，買了我們的第一棟房子。一切都很順利，直到不再順利的那天。每當我們談到生子話題時，我就感到胃痛。我想要孩子。事實上，成為爸爸一直是我最期待的事情之一，但我很快意識到，以當時的商業模式，自己無法成為稱職的丈夫與父親。

我每天早起，工作到深夜，每個月因為多場產品發表和客戶管理，忙碌不堪，精疲力竭。我打造的事業的確在財務上給了我們夢想中的生活，但我的時間卻全被客戶占用。這時我明白了，如果我繼續這樣經營下去，我最珍視的關係——與妻子和未來孩子的關係，將會受到影響。我必須做出改變。

改變被工作占據一切的人生

就在這段時間，一個客戶兼朋友亞曼德．莫林（Armand Morin）問我：「你為什麼不開設一個會員網站？」

「那是什麼？」我問。

「就是一個讓人們按月付費向你學習的網站，你教他們如何管理自己的聯盟行銷和產品發表流程。」

什麼？**我心想，我可以只靠教學就獲得穩定、可預測的月收入，而且沒有客戶數量的限制？這樣我不僅能掌控自己的時間，也可以開始產生經常性收入。聽起來太棒了！**我可以從一對一的客戶服務，完美轉型為一次服務數百人（甚至數千人）。所以我開始著手打造自己的第一個會員網站。

我做了幾次調整。最初的想法是推出一個會員方案，教別人如何發展和管理自己的聯盟行銷計畫，但我遇到技術問題，這讓我無法做自己真正想做的事——教學！在朋友兼同事契爾德斯的鼓勵下，我們決定自己開發軟體。他負責技術開發，我則專注於視覺呈現，確保這個平台對像我這樣的人來說也很簡單易用。

不到一年，我們的系統就已經能夠支援數萬個會員網站。在這些網站背後，我很快知道哪些做法可行，哪些不行。很多會員制度的成長都會停滯在某個階段，但有一小部分卻能年復一年持續成長。我開始關注這些網站，這些成功的企業家在幾個關鍵做法上與眾不同。最終，我決定推出一個專門探討經營會員制度的會員制度，分享最佳經營案例（是不是有點形而上？早說過我是會員專家了）。

時間快轉幾年，我推出了「會員體驗」（The Membership Experience™）課程的第一版，在這個完整課程中，我帶領學員從構思會員方案，到建立內容策略、行銷計畫、會員留存計畫等等。我原本的目標是先達到五十萬美元的收入，驗證這是門有效的生意。結果，課程上線不到一天，我們就達到一百萬美元，三天後結束銷售時，總收入達到三百三十五萬美元，數千人已經開始打造自己的會員事業。

如今，我經營一家收入破八位數的公司，教導人們如何經營會員制度。我不斷精進這門課程，協助過完全沒有受眾、沒有生意經驗的創業新手，還有《紐約時報》（*The New York Times*）暢銷書作家，甚至年收入九位數的企業主。但我的目標始終如一：幫助他們的事業創造更穩定、更能預測的收入來源。而對你來說，最好的消息是，我已經帶領數萬人走過這個過程，涵蓋你能想到的各種市場。而這正是這本書誕生的原因。

會員制度的魔力

如果我告訴你，你不必每隔幾個禮拜就要為自己的事業找尋新客戶，而是能確切掌握每個月的營收，這會有什麼改變？你不必再擔心下一筆訂單從哪裡來，不必煩惱帳單該怎麼支付，不再每個月從零開始，不再希望有人恰巧發現你的網站，或是剛好走進你的店門。

這將如何改變你的生活？或許你可以將精力放到其他事情上，例如提供更優質的服務，或是做你真正想做的工作，而不是整天為了找新客戶而焦頭爛額。或許你可以花更多時間陪伴家人，讓自己多點餘裕，不必總是為下個月的收入備感壓力。

朋友，這不是天方夜譚。這些可預測的獲利模式並非幻想，而是我社群中上千人正在真實體驗、改變人生的現實。這一切都來自他們開始了會員事業。

在這裡，我所說的「會員制度」指的是，客戶按月付費獲取你產品或服務的商業模式，而不是一次性的交易模式。你或許聽過這種模式被稱為「訂閱制」，這只是稱呼上的不同，我們稱它為會員制度，因為我們更希望創造社群，而不只是將客戶當成數字。

會員制度充滿魔力。與依賴單次交易的傳統商業模式不同，會員制事業不僅能創造可預測的經常性收入，這種收入還能不斷累積——換句話說，你投入得越多，它就會成長得越大。在傳統商業模式中，每個月的銷售都像按下「重新整理」，你不知道自己這個月能賣出多少。但會員制度不同，你永遠不會從零開始，你可以建立在前一個月的收入基礎上，每個月的成長都會累積得比過去多！

如果要談最理想的商業模式，會員制度堪稱王者。事實上，在過去十年間，訂閱經濟的成長率高達四三五％！[1]無論是個人創業者，還是財星（Fortune）五百大企業，都已經意識到擁有穩定的經常性收入模式帶來的巨大優勢。

會員制度無所不在。不相信？快速盤點一下你目前訂閱的各種會員服務，我敢打賭，你的清單可能會像這樣：

一、Netflix、Hulu、Disney+ 等等。你一定訂閱了其中至少一種影音串流服務吧？九八％的消費者都有訂閱這類服務，七五％的人訂閱了兩種或以上。[2]對，這些就是會員制度。

二、Amazon Prime。大約六五％的美國亞馬遜買家都是Prime會員[3]，很可能你也是，或者你身邊的人至少有一個是！

三、運動程式或健身房會員。

四、軟體。從微軟Office軟體到網站主機服務，很可能你的電腦或事業運作的某些部分，都是透過訂閱會員方案。

五、餐點外送服務。不論是 Uber Eats、Instacart 還是 Home Chef，許多平台都採用月費訂閱模式。

會員制度的優勢

各種產業都在轉向會員模式，因為它能帶來穩定且可預測的收入。以瑪麗—克萊兒・弗雷戴特（Mary-Claire Fredette）為例，她經營一家按摩工作室，卻總是為了每個月的收入起伏而煩惱，只能期待客戶回頭預約。但當她實行了第十六章會提到的超級捷徑策略後，她創立了自己的會員制度，一開始就有十六名客戶加入，每月支付七十五美元，確保每個月可以享受一次按摩。現在，她每個月都清楚知道自己的收入，而她的客戶也能以優惠價格獲得更穩定的服務。

幾年後，我再次聯絡她，她卻說從初次開放加入會員後，就再也沒有開放，這讓我的心一沉。「我已經三年沒再重新招募會員，因為我一直維持八成的會員續訂率，根本不需要再招募新會員！」她很快解釋。

如果你曾考慮經營會員事業，現在正是最佳時機。讓我告訴你為什麼。

首先，**會員制度能帶來確定性**，這是一種完全不同的經營方式，因為它能提供穩定性。當你知道自己每個月的營收金額，就能減輕壓力，也能做出更明智的決定。當你不再為錢所困，就能以更自信的態度經營事業，你的招聘、投資、行銷決策都會更好，最終過上更好的生活。

知道自己每個月的營收金額，就能減輕壓力，也能做出更明智的決定。

許多創業者的壓力來自業績的起伏。當推廣成功，銷售表現亮眼時，我們會興奮不已。但若是推廣效果不理想，客戶終止合約，甚至更糟的是，經濟衰退或全球疫情來襲，壓力就會瞬間飆升。這種壓力無可避免地會影響生活每個層面，包括婚姻、家庭、人際關係，甚至健康。但當我們擁有穩定的經常性收入時，就能更有效地隔絕這些外在因素。

這一切聽來「感覺很好」，但擁有經常性收入對最終收益究竟有什麼實際影響呢？這正是這種模式的第二個優勢：**會員制度能帶來可觀收入**。看看當前的經濟和科技發展，你能看到大部分大型企業都轉型為訂閱模式，建立經常性收入——像蘋果、亞馬遜、Spotify和《紐約時報》。就連派樂騰（Peloton）從訂閱制健身課程賺到的收入，甚至超過自行車的銷售額，潘娜拉（Panera）麵包店和漢堡王也都推出了咖啡會員月費制度。這正是我希望你注意的地方，我們周遭的各行各業都在轉向經常性收入模式，因為這樣才能創造穩定性。

最棒的部分是（或許也是我最熱衷的部分），**會員制度讓人們有能力更加慷慨**，這是第三大優勢。付出，是我家庭和公司始終堅持的價值觀，我發現自己吸引的也是那些仁慈慷慨的創業者，他們內心善良、樂於助人，但若是無法預測自己的收入，就很難做到這件事。會員制度和訂閱制不只改變你家庭未來的財務狀況，還能讓你持續支持你所關心的公益事業，真正對世界產生影響。我衷心希望，當你的收入變得穩定且持續成長時，也會有信心持續付出更多。當我們的會員事業成長，我們的善行和對這個世界的影響也能隨之擴大。

我非常確定一件事：無論你的事業是完全依賴會員制度，或是與其他商業模式結合，你的生活都會改變。我用一個稱之為「會員制數學」的簡單概念來證明這一點。假設你今日開始招募會員，每個月收費二十五美元。你的臉書好友可能有上千人，在這之中找到二十個會對你的產品或服務感興趣的人，難道不行嗎？如果你只找到二十個人加入你的會員制度，一個月能有五百美元收入，你會拿這額外的五百美元做什麼？

好，我們將數字提高一點，假設你找到四十名會員，現在你一個月能多賺一千美元，很驚人吧？你手機裡的聯絡人可能不只四十人，這是完全可行的。我知道不是每個聯絡人都對你的會員制度感興趣，我只是用這來證明，只要幾個人就能大幅提升你的收入，而這些人幾乎可以肯定已經存在於你的影響範圍之內。如果你原本就擁有數千名受眾……試想一下，如果數千名會員每個月穩定付費，你的事業會有什麼不同？

如果你找到八十人，月收入將達到兩千美元，這還是假設你一個月只收費二十五美元，我們社群中大多數人的會員費都高於這個金額。如果你每個月收費五十美元，有八十個會員，那麼一個月就有四千美元。這一切，只需不到一百名客戶！如果你每個月都能有四千美元的額外收入，會為你和你的家人帶來什麼可能性？你可能減少一些工作壓力？更常旅行？更常和另一半約會？花更多時間陪伴孩子？終於能整修房子？支持有意義的計畫？有了會員事業，這一切都有可能。

我的公司已經幫助超過一萬七千人，涵蓋各式各樣的市場——從攝影、書法、健身、財務、音樂、藝術、健康、訓犬、心理治療、瑜伽、表演、在家教育、肚皮舞，甚至是氣球動物製作。讓我最自豪的，是看到這些人從毫無生意經驗、從未想過自己會創業，到如今每個月為自己和家人創造穩定的經常性收入。

朋友，你只需要做出幾個關鍵決定，就能迎來全新的生活，如果這正是你想要的。會員經營模式改變了一切，對我、對成千上萬的學員都是如此。在這本書中，你將會不斷看到真實案例，這些企業主曾經和你一樣，從單次交易轉向經常性收入模式。我承諾會毫無保留地教你我所知道的一切，而你只要承諾會全力以赴。我支持你，也迫不及待要進入這段旅程。說好了？那麼，我們開始吧！

你只需要做出幾個關鍵決定，就能迎來全新的生活。

如何充分利用這本書

在我們進入精彩內容前，有幾個小建議，幫助你充分利用這本書：

一、你不需要執行書中的所有想法，你可以挑選現在最需要或最感興趣的部分。這本書應該是有趣也實用的，而不是增加壓力或讓人感到負擔。只要執行其中幾項，也能對你的事業帶來重大改變。

二、帶著這樣的心態閱讀：「我怎麼讓這些方法對我有用？」會員制度有很多種類，就像人也有很多種。並非所有內容都能讓你產生共鳴，或完全適用於你的情況，但如果你不斷問自己，我要怎麼讓這些方法對我有用，我保證每個章節都會找到可用的內容。

三、本書的章節設計為短篇形式是有原因的。你會發現，幫助你的客戶快速獲得成果是有價值的，如果你每次閱讀一、兩個章節，就能體驗這種效果！它也能大大幫助你累積動力。

四、英文有聲書版本包含一些書中沒有的故事、訪談和小知識，所以鼓勵你也參考有聲書版本，以獲得完整體驗。

五、你可以在 predictableprofitsbook.com 找到非常多外部資源，包括你想得到能幫助你打造會員網站的一切。網站也有書中提到的技巧和範本，而且會視需要更新。最重要的是還收錄了數十位學員的深入案例研究，這些故事將激勵你，並詳細展示如何應用書中的每個概念。

掃描 QR Code，即可取得書中提及的額外資源：

第一篇

奠定基礎——找出目標受眾的需求和痛點

經營會員事業的基礎，在於從舊有的商業模式轉變為全新的方式。一次性付款、充滿壓力的日子、錯過生命中的重要時刻，這一切都不再發生，取而代之的是經常性收入、安穩的睡眠和快樂。但首先，你必須打好基礎，為你的長期成功做好準備，同時不要讓自己精疲力盡。

在第一篇中，我們將介紹讓這個過程運作順利的所有內容。首先，我們要做點小練習，決定會員模式是否適合你特定的事業或想法。接著，我會教你如何進行大量市場調查（簡單版！），讓你對服務對象和方式有清楚的認識。接下來的章節中，會一再說明這些資訊，所以請留心閱讀、保持開放態度，並帶著期待一起探索。是時候嘗試新的事物了！

第一章

利潤最大化，壓力最小化：我的會員經營哲學

書中的一切內容都奠基於這些哲學：壓力最小化、利潤最大化、做事最少化。

一、壓力最小化。經營事業應該是輕鬆且簡單的，但多項針對小型企業主的調查顯示，「財務問題」是他們最大的壓力來源。也就是說，當我們面臨現金流問題，或業績不穩定時，壓力就會飆升。好消息是，我們有些策略可用來避免這些壓力源。

二、利潤最大化。雖然我很重視樂趣，但這畢竟是門生意，我們都希望幫助很多人，同時也希望能賺錢。當我們賺得越多，能幫助的人就越多。做到這一點的方式，就是讓人們感到開心，人們開心了，就會留下來；人們留下來了，就能讓你的會員事業利潤最大化。維持現有會員，遠比開發新會員更有利可圖。也就是說，我們的事業是為了讓人開心，並且持續開心下去。這很簡單容易，而且這正是我們讓利潤最大化的方式。

三、做事最少化。人們常常因為追求新鮮事物而鑽進各種死胡同，但說到底，專注於少數

真正能帶來差異的事情，才是最有效率的做法——也就是那二〇%能創造八〇%成果的事情。事實上，改善或發展會員事業的方式有很多，但真正能產生顯著成果的其實很少。多做有效的事，少做無用之功。在接下來的章節中，我會告訴你哪些事有效，如果你把重心放在這些事情上，就能進步得更快。

就是這樣。你難道不想讓生活中的壓力更少、錢更多，而且不讓工作占用所有時間嗎？我知道我想。所以，請捲起袖子，準備開始打造真正適合你事業的會員經營模式。

LESS OF WHAT DOESN'T
無效的少做一點
DO MORE OF WHAT WORKS
有效的多做一點

第二章

會員制度適合你嗎？

我在這份工作中，最常被問到的問題就是：會員模式真的適合我的事業、想法或市場嗎？我總是帶著他們回答一些非常簡單的問題，協助他們進行判斷，現在我們也一起想想吧！你只需要思考三個問題，只要任何一題的答案是肯定的，那就是非常明確的綠燈，你可以繼續朝會員制度邁進。問題如下：

一、你的市場是否有持續性問題需要解決？舉例來說，如果你的市場是健康與保健，那這個領域中就充滿了人們持續試圖解決的問題，像是減重、增加體力、改善身體狀況等。你可能是名治療師或是教練，而你的客戶急切地想改善與身邊人的關係。如果有任何一個問題反覆出現，讓你的潛在客戶必須半夜上網找資訊，那就是你找到絕佳會員制度構想的跡象。做點研究，開啟你常用的搜尋引擎，輸入與你想法或市場有關的關鍵字。以訓犬市場為例，選一個關鍵字，像是「訓犬」，然後加入網路上人們談論這個主題的地方，如「訓犬論壇」或是「訓犬臉書社團」。如果你找到很多社團、影片、論壇、網站等，有許多人在裡面提問，你就可能找出許多潛在客戶正在面對的問題。

二、你的目標市場是否正在尋求學習一項新技能？這個問題適用於所有創意型的利基市場，你的顧客可能想要學習新的技能，像是繪畫、演奏樂器、烹飪、創業，甚至是提升育兒能力。世界上大多數人都有興趣學習新事物，如果你的市場有他們想建立的技能，那對你來說是個好消息，他們都是你潛在的會員。這裡有個簡單的小練習：再次回到你的關鍵字。如果你發現不同形式的資訊內容，這是個好兆頭——尤其是如果那些內容有大量下載數、瀏覽數和評論，那表示有許多人正在吸收這方面的資訊。是否有跡象顯示，人們想學習和發展你主題領域中的技能？是否有很多相關書籍和課程？那些都是明確的指標，人們不只大量尋找這個主題的相關資訊，而且真的想掌握這個技能。你中大獎了！

三、你的市場是否正在尋找讓生活更容易的方法？這個世界上，有誰不想讓自己的生活更輕鬆一些？我有很多學員對這個問題的答案都是肯定的，他們參與的會員網站提供了課程計畫、每週菜單和購物清單，或是社交媒體、廣告或電子報的範本。這些想法都在幫助人們簡化那些耗時、繁瑣卻往往必須定期完成的工作。許多成功的會員制度，正是透過簡化流程，幫助人們每週省下數小時的時間。

這三個問題中，你有任何一個回答「是」嗎？如果有，這就是你可以全力前進的訊號。會員制度幾乎適用於每個市場，現在你已確認自己的想法，還完成了一些快速的調查，你可以更有信心地向前走。接下來，我們來看看人們為什麼要加入會員制度，這將幫助你為顧客提供更完善的服務。

第三章
讓人點頭加入會員的六個理由

在你開始建立會員網站，並決定要提供什麼給顧客之前，你需要知道人們一開始為何會加入會員。這很合理，對吧？以我的經驗來看，人們加入會員有六個核心理由。許多人的理由不只一個，不過大多數時候，會有一個最主要的原因，我稱之為「主要理由」，其他則屬於「次要理由」。我們來一一說明這些原因。

一、需求

人們加入會員最常見的理由就是：**顧客對你提供的內容，真的有持續性的需求**。舉幾個例子來說明。佩蒂．帕默（Patty Palmer）是一位美術老師，為其他美術老師提供教案。如果你曾當過老師，或認識老師，就會知道備課時間常常難免會延伸到夜晚和週末，耗費精力，又影響你在課堂上的狀態。帕默提供的教案，讓老師在課堂上更有創意，還能空出夜晚和週末的時間。這種會員服務滿足了一項需求，讓老師願意每月持續購買，以定期獲得準備好的教案。

軟體公司也採取類似的模式，讓顧客每月付費使用。像Slack、ClickFunnels、Kit等公司，或我們自己的會員服務平台Membership.io，提供了團隊成員每天都在使用的工具，我不知道如果沒有這些工具該怎麼辦。這種持續的需求，正是這些服務強大的原因，也是人們願意保留會員身分的理由。

二、精進技藝

當顧客想學習如何提升某種技能時，我們稱之為「精進技藝」。這類會員常見於攝影、書法等市場，需要時間學習使用相機的技能，或是寫出漂亮的字體。這正是會員制度發揮作用的地方。

我的學員李維．庫賈拉（Levi Kujala）和湯尼（Tony）是會員事業的夥伴，專門教授人們彈吉他。你不可能只看幾段線上影片，就成為像艾力克．克萊普頓（Eric Clapton）那樣的吉他高手，人們需要真正的指導，才能超越入門階段，他們一直保有會員身分，是因為他們對於精進吉他、發展技巧充滿熱情和興趣。

海蒂・伊斯利（Heidi Easley）教導人們如何經營一個成功的繪畫派對事業——從活動準備、規劃到尋找客戶，全都涵蓋在課程中。（注意：如果你曾擔心自己的想法「太小眾」，那麼這可能是個當頭棒喝，從她的事業可以看出，真的什麼都有市場。）她的顧客之所以持續留下，是因為她不斷幫助顧客提升收入，並改善他們策劃派對的技巧。

如果你正在教導某人學習某件事，他們幾乎不可能在學完做法後，馬上就能精通。你的會員制度能提供他們空間，讓他們不僅更加了解你所教的內容，也能真正以深刻且有意義的方式發展那些技能。

三、社群

你會發現「社群」經常出現在我們的討論中，因為它是人們加入會員的重要原因。**顧客希望身邊有一群和自己走在相似道路上的人。**我們常看到各種類型的社群，包括菁英學習社群、協會或社團，當你發現自己是朋友或家人中唯一對某件事感興趣的人時，那種感覺可能會很孤單。這些社群型會員制度，正好讓人們在學習或探索某個主題的過程中聚在一起。

猶太婚禮專家凱倫・辛那蒙（Karen Cinnamon）打造的會員制度，主要是幫助猶太新娘籌辦婚禮。她提供規劃用的備忘錄和檢查清單，但真正價值在於她所創造的社群。猶太新娘加入後，能與同樣處境的人產生連結，得到源源不絕的支持和建議。她們甚至因為在這裡建立了深厚的關係，在婚禮過後仍持續訂閱！

網路最奇妙的一點是，即使你有最不尋常的興趣，世界上幾乎一定有人和你一樣熱愛它。人們不再感到孤單，而是能感受到支持和啟發，這就是社群的重要性，也是許多人加入會員的重要理由。

四、娛樂

有些人加入會員是為了娛樂。對，沒錯，**很多顧客只是為了「好玩」而入會**。請問：你有沒有Netflix或Spotify的帳號？Disney+或Hulu呢？或許你還是動物園的會員，一個月可以無限次參觀。或者你是遊艇會員，可以隨時租船出遊。

如果你有這些會員身分，你不是為了學習技能或尋找社群，一定也不是出於需求，你只是想尋找娛樂，想享受某件事物。有些企業就是靠提供這類服務而成功，但他們不是靠祈禱讓顧客回頭，他們建立服務時，就已經知道顧客一定會回來。如果你提供的服務能帶給人們快樂，不要低估人們願意為此付費的程度，也不要低估他們會多常想要使用這樣的服務。

舉例來說，最近我太太和我去當地的水療館體驗漂浮艙，那就像一個裝滿鹽水的巨型浴缸，因為鹽的密度高，所以躺進去後會浮起來，非常放鬆。結束後我們正要結帳，接待人員問我們要不要加入會員，我說：「跟我介紹一下吧。」

簡單來說，我們不必每次來都付錢，只要繳月費，就能不限次數使用這家水療館（而且月費比單次體驗還便宜），付得少，享受更多。很簡單，對吧？顧客得到他們想要的（無限使用），商家也得到他們想要的（可預測的收入），這是個雙贏情況。

但在水療館的案例中，顧客並不是為了滿足需求，也不是為了精通什麼技藝，靜靜躺在那裡，也無法建立社群，但這仍是一種有價值的放鬆與娛樂方式。

像喜劇演員、歌手和詞曲創作者等娛樂產業工作者，也能靠他們的作品，發展出蓬勃的會員事業。顧客非常珍惜能隨時從創作者身上獲得娛樂和內容的機會。

五、渴望

下一個人們加入會員的理由，是他們的渴望。聽起來就是這麼簡單：**顧客單純想要某個東**

西。舉例來說，南西．凱斯（Nancy Case）的會員制度稱為「上門太妃」（Taffy2You），訂閱顧客每個月都能收到她寄來的鹹味太妃糖，他們很愛！糖果非常美味。（我吃過很多袋！）

我有個學員叫奧斯卡（Oscar），他開設了一個關於養蜂的會員網站。你或許很納悶，為什麼會有人加入養蜂的會員？如果你有這種疑問，完全沒有問題，你很可能不是奧斯卡的理想受眾。不過對那些真正是他目標客戶的人來說，他們明白蜜蜂對環境有多重要，奧斯卡所做的事，讓人們有機會為幫助地球做出貢獻，那些希望對環境產生正面影響的人，自然會被這樣的事業吸引。

奧斯卡的會員制度還有一個次要的社群面向，讓對養蜂有熱情的人能夠彼此交流，因為在現實生活中，找到同樣興趣的人可能不是那麼容易。

六、便利性

有時候，**顧客只是希望事情變得更簡單、更方便**。多年前，我的女兒出生時，我和太太意識到，我們不能再隨便亂吃了，因為現在我們要為另一個小生命負責。我們需要有更多的精力，整體狀態也必須更好。我們開始思考該怎麼準備新鮮、健康的餐點——這是我們以前從沒擔心過的事情。

問題在於：我和艾咪都不喜歡做菜。我們喜歡吃，但真的不愛下廚。於是我上網搜尋了一下，最初輸入的關鍵字是「快速、簡單又健康的餐點」，其中一個跳出來的網站，叫做新鮮二十（The Fresh 20）。這個網站的訴求非常明確：「二十分鐘內搞定新鮮健康的餐點。」太棒了，我好想要！不到兩秒，我就決定要註冊，因為這個網站把一切都弄得很簡單，提供食譜、購物清單，還一步步教你怎麼備餐，幫我們省下大量時間和精力。

最有趣的是，幾年後我認識了新鮮二十的創辦人梅麗莎．蘭茲（Melissa Lanz），我才知道，這個價值數百萬美元的會員事業，是從她家的餐桌開始的。她發現網路上充斥著數以百萬計的免費食譜，和各式各樣互相矛盾的飲食建議，讓人不知所措。但到了最後，人們真正渴望的，其實是有人幫他們想好一切的方便感。而這正是她的會員制度大獲成功的關鍵。

這種類型的會員制度還有很多，它們讓人們的生活變得更輕鬆、更簡單，省下寶貴時間。我們的客戶安德魯．克勞克斯特（Andrew Krauksts），他的會員制度是為澳洲的房地產經紀人提供臉書的廣告範本，他的客戶不需要學習臉書廣告投放、文案撰寫或平台操作，也不必花時間苦惱到底要寫什麼內容來銷售他們的房屋。這樣的會員服務讓優秀房仲的工作變得更容易、更便利，因為他直接提供在當地能產生效果的廣告範本，而且，這還是許多房仲最討厭處理的工作之一。雖然每月會員費用數百美元，算是有點貴，但對房仲來說非常划算，因為就算一整年靠這些廣告只多賣出一間房，這筆會員費用就已經回本，甚至還有盈餘。

若想看克勞克斯特的完整案例，請造訪 predictableprofitsbook.com。

簡單回顧一下，顧客會加入你會員制度的理由各有不同，但大致可歸納為六類：需求、精進技藝、社群、娛樂、渴望，或是便利性。在設計會員制度時，請務必釐清人們加入會員的主要理由。理由可能不只一個，但若是你清楚掌握主要理由，將有助於你聚焦在行銷與內容上該強調的重點。

第四章

探索顧客的「內部問題」

你越了解你的顧客，越能為他們打造出更好的體驗。而且，吸引他們入會也會容易許多，因為他們會感受到前所未有的被看見、被傾聽、被理解。這就是你必須花時間深入了解服務對象的原因，如果你能熟悉理想顧客的問題和挑戰，就能提供吸引他們入會的解決方案。

我會給你一些引導問題，幫助你了解你的理想顧客，這將影響你與受眾說話和服務的方式。達成這個目標的最佳方式，就是從你目標客群面臨的不同類型問題開始。

我第一次接觸這個概念，是來自《紐約時報》暢銷書作家，同時也是企業家的唐納．米勒（Donald Miller）。他在《跟誰行銷都成交》（*Building a StoryBrand*）一書中，談論兩種不同類型的問題：**外在問題和內在問題**。

外在問題是最常見、也是人們最先想到的問題。以我自己的簡單定義來說，外在問題是人們上網尋找解決方案時，會在搜尋框輸入的那句話。舉例來說，如果某個人的狗在家到處亂尿尿，那就是外在問題（我自己就是過來人）。他們會輸入：「如何阻止小狗在家裡尿尿？」希望那隻到處大小便的狗，會變成一隻訓練良好的狗。另一個常見的問題是：「如何讓寶寶晚上睡得好？」理想情況下，你希望孩子從哭鬧一整晚，變成能安穩入睡的寶寶，而且越快越好。

接下來有件事你一定要了解：談到服務與銷售時，大多數企業主常犯的錯誤就是——只停留在「外在問題」。

但我們不會這樣做！我們要探討更重要的第二種問題：內在問題。這才是顧客心裡真正在發生的對話，更關乎他們的恐懼、懷疑和焦慮，這些是通常未曾說出口，但卻壓在他們心頭的東西。

以我自己的第一間軟體公司為例，一切看來都很完美，公司表現出色、有優秀的事業夥伴、表現出色的團隊、服務超過七萬個線上社群與會員網站。但最終，我內心漸漸意識到，自己已經準備好迎接職涯的下一個篇章。問題是，我不知道下一步會是什麼。

我害怕邁出下一步，我也沒有跟任何人談這件事，因為我自己也還沒理出頭緒。我心裡想的是，如果我要做出重大的改變，或許應該要知道接下來的「那件事」是什麼吧？不然我該怎麼描述？「我知道一切都很好，但我想辭職？」

直到有一天晚上，我和太太、女兒一起去露營，我們住在一間小木屋裡，半夜外面下著大雨，太太在我身邊睡得很安穩，但我腦中只聽得見雨滴大力打在鐵皮屋頂上的聲音。當我躺在一片漆黑中，腦中突然浮現一絲清明。我意識到，是時候賣掉這間「願望清單會員公司」（WishList Member）了。

幾分鐘後，艾咪醒來，她問我：「你還好嗎？」

「不好。」我回答，「我想我剛做了個大決定，我要賣掉願望清單。」

「好，為什麼呢？」她回答。

「我只是覺得，我需要為下一個階段留出一點空間。」我說。我知道，這不是多令人安心的回答，對吧？我一說出口就覺得自己有點愚蠢，也擔心艾咪會不會認為我瘋了，尤其是我們剛成家沒多久。但她沒有那樣想，耐心地聽我說完，問了幾個釐清狀況的問題，然後我記得她說：「好，我支持你。我們會找到方法的。」

現在回想起來，這是一個不錯的故事，但告訴她的當下，我滿心疑問：我還能再次成功嗎？願望清單的成功，會不會只是曇花一現？如果我不再跟願望清單有關聯，還會有人願意和我合作嗎？這些念頭、恐懼與情緒，就是我當時內心的問題與挑戰。

當你能觸及那些讓受眾徹夜難眠的煩惱，說出他們心裡和腦中真正在想的事，他們會由衷地感覺自己被理解了。當你說出他們的內在問題，就是你真正和他們產生連結的時刻。他們會產生一種感覺：哇，他們在讀我的心！有時候，這甚至發生在潛意識，他們可能搞不清楚自己為什麼被你吸引，但你似乎比他們自己還懂他們。那麼，如果你想深入挖掘這些感受，該從哪裡開始呢？

首先，從外部問題著手，因為這通常是最容易的。我希望你列出至少十個，對你主題有興趣的人可能會遇到的問題。別想太多，只要把你能想到的所有外在問題都寫下來，不管是大問題還是小困擾，只要是他們可能會上網搜尋的內容都算。

我們以「新生兒父母」為例，他們可能會面臨的問題包括：

一、寶寶不睡覺。
二、爸媽睡眠不足。
三、長牙。
四、剪指甲。
五、哺乳挑戰。
六、一直擔心寶寶還有沒有呼吸。
七、不斷打電話給醫生。

八、帶著寶寶旅行。
九、寶寶是否達到發展里程碑。
十、失去與另一半的親密感。

如果你有小孩，你或許也經歷過這些問題。如果你需要更多靈感，可以去購書網站找找相關主題的書籍，看看讀者的留言，或是搜尋社群網站的討論串。觀察人們經常提出什麼問題、他們喜歡或不喜歡哪些資訊。有沒有發現什麼共通點？有哪些問題一再出現？

接下來，打開Google，或你習慣使用的搜尋引擎，輸入一個外在問題，再搭配可能有人在網路上討論的地方來搜尋，就像我們在第二章做初步研究時那樣，可能是臉書社團、討論串、論壇、產品評論、YouTube影片、部落格等等。

我在搜尋欄輸入「寶寶不睡覺論壇」時，第四個結果就是一篇論壇上的貼文，標題為：「絕望，四個月大的寶寶白天晚上都不睡覺。」在貼文中，一位母親使用了許多關鍵詞句，例如：「感到絕望」、「一場硬仗」、「無助」、「最後手段」、「什麼方法都沒用」、「看遍所有建議」、「精疲力盡」、「情緒低落」、「快要崩潰了」。

一、利用這些語句找出內在問題。

真正幫助他人的方式，是幫助他們處理內在問題。你也許在幫助父母讓寶寶入睡，但你所提供的真正價值，是減輕嬰兒新生時期那種壓力與羞愧感。你在論壇、社團、留言區讀到的內容，其實正是人們想要解決外在問題的背後原因。那些外在問題會引發什麼更深層的挑戰？根據我所見新生兒父母的資料，我可以推斷，那位媽媽感受到的是羞愧、恐懼、絕望與挫折，她害怕這種情況永遠不會結束，她懷疑自己是不是好媽媽、擔心自己是不是做錯了什麼。這些，才是你應該注意的理想顧客的內在問題。

二、你在研究中發現的用語，就是你在推廣會員制度時的用語。

你的受眾會被你吸引，覺得你像是在讀他們的心，是因為你正在用他們自己說過的話！這不是什麼魔法，他們早就用自己的方式，告訴你他們會怎麼描述自己的問題。所以，請記下那些詞語，因為你很快就會再次用上。當你這麼做時，你的受眾會立刻感受到深層的連結。偷偷告訴你，深刻了解我的市場，就是我成功的祕密之一，而它也將成為你的祕密武器！所以，在這裡多花點時間，好好研究你的顧客，了解他們的內心，搞清楚他們怎麼說話。

第五章
訊息地圖：輕鬆吸引受眾的簡單工具

現在你已經深入研究了顧客正面臨的問題，以及他們會如何描述這些問題，接下來，是時候來製作你的「訊息地圖」（Messaging Map™）了。這是一項在撰寫銷售文案、溝通訊息，以及與受眾互動過程中非常實用的工具，簡單卻強大，未來在推廣會員制度時會反覆用到。

這份「訊息地圖」能清楚呈現一段旅程，從你顧客目前的狀態，到他們希望抵達的目標，還有你的會員制度能帶來的轉變。無論是與受眾互動、撰寫銷售訊息，或是規劃會員方案的內容，它都將是你不可或缺的資源。操作方式如下：

拿出一張紙，在紙上畫一條橫線，接著從中間畫一條垂直直線。你也可以用電腦來做這件事，不過我是個老派的人，比較喜歡用紙或白板。畫好後會出現兩個欄位，將左邊標記為「現在」，這一欄代表市場的現況——他們在未加入會員時的想法、感受和行為。然後將右邊標記為「未來」，代表他們加入會員、並向你學習之後，會怎麼思考、感受和行動。

當你畫出這兩欄後，接下來請試著發想一些詞語或短句，來描述目標受眾目前的想法、感受與行動。我們之所以使用簡短的詞語，是因為這樣可以清楚對比他們的「現在世界」與「未來世界」，讓顧客更容易理解他們可能經歷的轉變。我們提供的不只是一堆影片、PDF檔之類的東西，人們要的不是這些，不全是如此，他們加入你的會員，是因為他們渴望某種結果。本質上，**會員制度最重要的價值是轉變，而這正是「訊息地圖」之所以強大的關鍵所在**。

我們用拼布市場為例。想像一位四十到六十歲之間的女性，剛開始對拼布產生興趣，我們先看看她「現在」的狀態。她可能感到**猶豫**，因為從沒嘗試過拼布，她也可能感覺到**極大的壓力**，因為她一開始在網路上搜尋如何開始拼布時，看到太多影片、技巧和資訊，她可能**困惑**要從何開始，也可能**懷疑自己是否能學會**拼布技術，**質疑自己的創造力**，遲遲無法踏出第一步。這些，就是她此刻正在經歷的真實想法與情緒。

在行動方面，她也許常常**想到**要拼布，但一直**沒有真正動手**。她可能在線上**看了大量免費影片**，卻因為疑慮與壓力而完全沒有實際進展，沒有做出任何具體的成果。更糟的是，她可能早就懷著滿腔熱情，**買了一堆布料與工具**，但一直沒動過。而且，隨著布料越堆越高，她**身邊的人可能也開始感到困擾**，也許她先生或孩子已經開始有些微詞。我猜想，這位女士已經**開始感到內疚**，因為她花了錢、買了所有東西，卻什麼都還沒做。

描述這段過程時，你是否感受到細節了？是否看出我們正在勾勒一幅具體的畫面？這部分你越能具體描述，就越有力量。回顧你前面做的研究，列出你的顧客在「現在」階段會遇到的各種掙扎。這就是你目標受眾目前的狀態。

接下來，把焦點轉向「未來」。當顧客加入你的會員之後，他們會有什麼樣的想法、感受與經驗？如果你對未來沒有任何想法，這裡有個小技巧：想想「現在」欄位中那些情況的反面。例如，她現在的猶豫，可能會變成自信。她現在的不知所措，未來可能會變得**清晰**。她不再質疑自己的能力，而是對拼布感到**興奮**，因為她知道自己做得到。她的行為也會從只是想想，變成真正**開始動手拼布**，嘗試新的技巧，完成作品。最棒的是，她愛的人開始對她讚不絕口，到處宣傳她的作品，甚至連親戚都詢問能不能為**他們製作拼布被！**

你能感受到這兩個世界之間的差異嗎？我們在「訊息地圖」中所做的，就是對比「舊世界」與「未來世界」。我前幾天看到一則針對家長的兒童積木廣告，文案寫著：「想像一下，你早上能好好坐下來，喝完一整杯熱咖啡，只因為你的孩子正在玩積木。」這就是父母真正想要的——他們希望早上能有一點安靜時間，好好喝杯咖啡，不被孩子打擾。

知道自己在做什麼了嗎？你提供的不是服務，而是他們正在尋求的轉變。**當你為受眾創造出這樣的對比，他們一眼就能看出你的會員制度，就是讓他們從現在走向理想狀態的捷徑。**

以下是不同領域的範例。記住，在其他市場有效的內容，常常也可以套用在你的領域，因為人們開始做一件新事物時，感受到的恐懼、焦慮、不知所措和困惑都是一樣的。

> **你提供的不是服務；而是他們正在尋求的轉變。**

範例：空巢期父母的會員制度

這個會員制度是為了孩子都已離家的父母所設計，幫助他們找到目標，並活出充實人生。

現在（尚未加入會員）：

- 沒有時間
- 年紀太大無法追夢
- 蠟燭兩頭燒
- 想要改變

未來（加入會員）：

- 興奮地利用大部分時間
- 生活從沒如此好過
- 完美的平衡
- 清晰的方向

- 沒時間改變
- 壓力極大

- 擁有大把時間
- 感到平靜

範例：穩定寫作者的會員制度

這個會員制度幫助懷抱寫作夢的人，擺脫卡關與靈感枯竭，進而穩定寫作，並重新對自己的作品充滿熱情。

現在（尚未加入會員）：

- 不安全感
- 卡關
- 寂寞
- 自我批評
- 害怕被批判
- 不知道從哪裡開始

未來（加入會員）：

- 自信
- 精力充沛
- 加入一個充滿同好的溫暖社群
- 允許探索
- 感到被支持
- 有清晰的方向

- 無法持續寫作
- 定期書寫

接下來我要教你，如何運用你整理出來的描述性語句，以及你所描繪的「兩個世界」。

YOUR
MEMBERSHIP
BECOMES
THE
BRIDGE
BETWEEN
TWO
WORLDS

你的會員制度，會成為連結兩個世界的橋梁

第六章

清楚傳達你的事業，且讓人願意加入

你是否曾遇過某個尷尬時刻，有人問你：「你是做什麼的？」而你真的不知道該怎麼回答？我人生就經歷過很多次。想像一下，當我想告訴別人自己在教人經營會員時，他們臉上的表情——一臉茫然。如果你不是醫生、律師或某種讓人一聽就懂的職業，這種情況就很難處理。我做這行已經超過十五年了，但我爸媽還是無法說明我的職業，這種情況在創業者身上尤其常見。為什麼？因為我們難免會做很多不同的事，就像我的朋友、超級創業家瑪麗・福洛（Marie Forleo）所說：你是「多重熱情型人才」。

但問題來了：如果你想經營會員事業，你必須能夠表達你在做什麼。這很合理，對吧？你必須能清楚說明你的服務內容。我保證，那些尷尬時刻是可以克服的，不只是讓你在派對上能應對自如，也能吸引到正確的會員族群。

有個好消息告訴你：你在第五章完成的「訊息地圖」現在要派上用場了。順便問一下，你真的有花時間做那張訊息地圖嗎？（如果沒有，沒關係，但請回去補做一下。）因為現在我們要把你的「訊息地圖」轉為一個定位宣言（positioning statement）。所謂定位宣言，就是一段清楚且簡潔的描述，說明你的會員制度和目標對象，以及你如何滿足市場需求。

我們繼續以拼布市場為例。在我們的「訊息地圖」中，我們討論過拼布者的思考、感受與行動，還有他們在經歷會員制度帶來的轉變後，未來的思考、感受與行動。以下是一個簡單的架構，教你如何運用「現在」與「未來」兩欄中各三個關鍵詞，轉化為一句簡潔的定位宣言。

「我幫助＿＿＿＿（市場）＿＿＿＿從
「現在狀態的詞彙一」＿＿＿＿、
「現在狀態的詞彙二」＿＿＿＿、
「現在狀態的詞彙三」＿＿＿＿，變成
「未來狀態的詞彙一」＿＿＿＿、

「未來狀態的詞彙二」＿＿＿＿＿＿、

「未來狀態的詞彙三」＿＿＿＿＿＿。

從「訊息地圖」裡選出關鍵字後，就能創造出強而有力的定位宣言。以拼布市場來說，可能是這樣的：

> 我幫助新手拼布者從「壓力大、困惑、不知道怎麼開始」的狀態，變成「充滿信心、樂在其中、做出讓人讚嘆的拼布作品」。

這個方法非常直觀。我們從「現在」清單挑出三個詞語，放進公式裡，然後從「未來」清單裡挑出三個詞語，也放到公式裡。你可能要花點時間，才能找出市場中最引人注意的問題或挑戰，還有他們期待的轉變。但一旦找出來，這個公式就能幫助你輕鬆說清楚自己如何幫助目標市場。這兩組詞語的對比會創造出魔力，而你帶來的轉變，會讓你的會員難以抗拒。

讓我們再看幾個例子，例如吉他教學。我們可能會說：「我幫助吉他新手，從什麼音符、和弦或歌曲都不會，到能輕鬆彈奏、和朋友即興演奏，甚至成為下一場營火晚會上的吉他明星。」我們強調的是他們從起點到目標的旅程。

再回到新生兒爸媽的例子。你可以說：「我幫助新生兒父母，從因為寶寶不睡覺只能整晚熬夜，白天累到不行，到寶寶按時作息，整夜安穩入睡，全家人早上都精神飽滿地醒來。」疲憊不堪和安穩睡眠之間的對比，絕對能引起共鳴。

再舉一個藝術家的例子。定位宣言可以是：「我幫助那些畏縮、膽怯、不敢讓人看作品的新手藝術家，蛻變成有才華、有自信、能自豪地展示並銷售自己作品的藝術家。」你看，這個宣言是不是能讓你與受眾建立連結，同時清楚傳達你所提供的價值？

在進入下一段之前，我想提醒一件事——關於你心中的完美主義。要記住，定位宣言會隨著時間演變，你可能會發現更有力的詞語或句子，更能引起受眾共鳴，甚至可以簡化為一個有力的關鍵字，而不是三個。但重點是馬上動手規劃。就像會員經營過程中的其他行動一樣，之後都可以慢慢調整，重要的是開始，讓人們知道你在做什麼，以及你如何幫助他們。

花點時間重新回顧你的「訊息地圖」。從「現在」和「未來」欄位中各挑幾個詞，創造你的定位宣言，盡可能簡潔精準。重點是挑出最貼近市場目前處境的詞語，以及最能描繪他們渴望未來樣貌的詞語。你越精準，市場就越感受到被看見、被聽見且被理解。如果你認識你的目標對象，直接問問他們，這樣更好！這個練習可能會花上一些時間，但長遠來看，盡可能追求精準和吸引力，絕對值得你投入。

行動步驟

一、回顧第二章的問題清單，判斷會員網站是否適合你的事業。（劇透警告：適合！）
二、決定人們加入你會員網站的主要和次要原因。
三、研究你目標市場中最熱門的議題。
四、創造你的「訊息地圖」，寫下「現在」和「未來」欄位的詞語。
五、參照本章的格式，寫下你的定位宣言，清楚說明你如何幫助他人。

第二篇

吸引會員——如何製作高轉換率的登陸頁面？

歡迎進入第二篇！現在你已經清楚知道要幫助誰，是時候出現在正確的受眾面前了。正如傑森．弗里德（Jason Fried）和大衛．海涅邁爾．漢森（David Heinemeier Hansson）在我最喜歡的書《重新工作》（*ReWork*）中說：「所有公司都有顧客，幸運的公司擁有粉絲，而最幸運的公司則擁有受眾。受眾可以是你的祕密武器。」

在這一部分，我們將分解建立受眾的過程，因為說到底，就算你可以提供世界上最棒的會員制度，但如果沒有人知道它的存在，就無法幫助任何人，也無法建立可持續的會員事業。本篇重點在於，如何出現在你能幫助的人面前。別擔心，這裡沒有虛假、咄咄逼人、強迫推銷或油腔滑調的方法。擴展受眾，其實就是在幫助人。

無論你在會員事業的哪個階段，是剛起步還是已經有一定規模，擴大受眾都是業務成長的基礎。事實上，你永遠都不該停止擴展受眾，無論你有多少會員，這都是你持續要做的事。

建立受眾主要包含兩個部分：你的電子郵件名單和社群媒體平台。它們是這樣搭配運作的：在社群平台上擴大受眾的主要目標，是引導他們加入你的電子郵件名單。電子郵件名單屬於你，是你的商業資產。雖然你需要在臉書、Instagram、YouTube、抖音等不同平台擴大觸及範圍，但只依賴這些平台還是有風險，因為它隨時可能因平台方的決策而消失，也可能更改規則、演算法，讓你無法持續擴大受眾、維繫關係，甚至失去創造營收的能力。這些平台就像租來的房子，你可以住在那裡，但畢竟不是你自己的，你不能完全依賴它們。

因此，關鍵在於：在建立社群媒體受眾的同時，要把人們引導到你的電子郵件名單。這份名單的擁有者是你自己，它能確保你每次發出的訊息，都能送達對方的收件匣。擴大受眾、發展郵件名單的主要方法，就是創造真正能幫助人的內容，並有效建立你的權威。最棒的是，你不需要成千上萬的受眾，也能開始為你的會員網站累積動能。崔西・荷姆斯（Tracy Holmes）的電子郵件名單一開始只有八十七人、幾乎沒有社群媒體曝光，卻在推出色彩會員制度時迎來一百名新會員！她幫助創作者（或任何熱愛色彩的人）深入了解色相、色調、明暗和色差，甚至創造了一套實體的色彩卡與色彩學院。

你將在這一篇學到的策略，能讓你快速、有意義且有影響力地建立受眾。只要幾百人，就能為建立會員制度的動能帶來顯著的不同。如果你已經有一定規模的受眾，這些技巧也會放大你現有的努力，幫你找到更多粉絲。

你投入在擴大受眾、特別是精準受眾上的努力，最終都將帶來豐厚的回報。這一篇的內容涵蓋大量行動指南，準備好就一起出發吧！

第七章 卓越循環

長期成功經營事業的最佳方式，是幫助人們達成想要的成果。如果你真的能做到，你永遠都會有市場。我們的主要目標就是解決人們最迫切的問題，好消息是，你應該早就知道那些問題是什麼了，因為我們在第一篇已經列出來了。

無論你是在社群媒體發文、寄電子報、演講、寫部落格等等，目的都是為了幫助人們取得某種成果。現在跟我一起說：「行動起來，服務他人。」這些成功故事不需要多麼驚人，快速的成果才是關鍵。因為你在第一篇做的研究，你現在對市場的挑戰有了非常清楚的了解，你擁有能幫助他們的資訊，分享出來就對了！這就是我們現在要做的事，別把它想得太複雜。

我想向你介紹「卓越循環」（Circle of Awesomeness™）。它可以濃縮成幾個步驟，教導你專業領域的受眾，幫助他們取得成果，然後（在他們的同意下）在各種地方公開慶祝他們的成就。那些正在面對相同問題的人，會被你所做的事吸引，因為他們也想要得到和你曾幫助過的其他人一樣的成果。當人們看到別人成功時，就會開始對你提供的內容感興趣，更可能加入你的電子報、社群，甚至會員制度。基本上，他們看到別人的成果時會想：「哇，那看起來很不錯，我也想要變成那樣！」

這個流程一開始是發表一些有幫助的內容，或是讓人加入你的名單。等你的會員制度上線之後，就是把電子郵件中的顧客轉化為付費會員。所以整個流程看起來會像這樣：

社群媒體→電子報訂閱者→付費會員

要讓這個流程順利運作，關鍵就是幫助訂閱者和會員快速獲得成果，並建立動能。一旦他們體驗到任何形式的成果，你就可以鼓勵他們透過電子郵件或社群媒體等方式，分享這些成功經驗，並盡可能標註你。

最有價值的行銷資產就是成功故事。故事再小都沒關係，因為你幫助了某個人！在我的事業中，最快產生成果的方式，通常是幫助人們定義他們所服務的市場。但快速的成果有很多種形式，比如迎來第一位會員、看到會員透過你的教學獲得成果，或是提升留存率等等。

讓人們與你分享成功的最佳方式，就是直接詢問他們。

這些故事會讓你的受眾看見，如果他們繼續跟著你學習，能達到什麼成果。這並不是你自己說：「我保證我的東西真的很棒！」而是有其他人替你背書。你擁有強大的社會證明，證明你的教學真的有效，這也能讓人相信，你所教的東西是可行的，他們也能做得到！最終，這必然會帶來更多人註冊，進而讓更多人獲得成果。這也是這個過程被稱為「卓越循環」的原因。

讓人們與你分享成功的最佳方式，就是直接詢問他們。你可以透過電子郵件聯繫、在臉書社團留言（如果你有開社團的話），或是在社群媒體上發文詢問：「嘿！最近進行得如何？我很想知道你們目前有哪些成果！」這樣簡單的話，就很有效。

我在經營自己的主打課程「會員體驗」時，就經常對新會員這樣做。一旦有人成功招募到第一位會員，就鼓勵他們到社群裡發文，然後為他們大肆慶祝。事實上，我在「會員體驗」上線期間、甚至學員還沒正式加入之前，就會先這樣做。我鼓勵他們進行一次初始會員招募（第十六章會詳細說明），或是在網路上試探一下，有沒有人對他們的主題感興趣。每次在下一場培訓時，都會有上百人已經採取行動，並開始看到成果。他們為自己能從受眾那裡（無論人數多少）

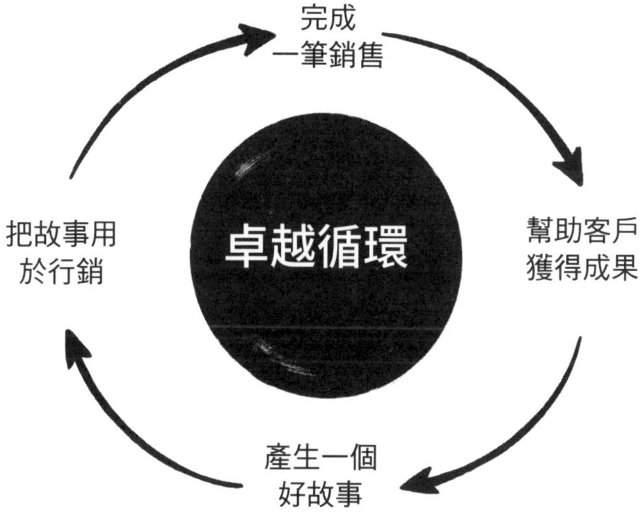

得到回應而感到興奮。而且，這樣的成果對其他人來說也很有力量、很有激勵效果。他們的進展會激發更多人採取行動，因為他們看見真實成果正在發生。

這一切也適用於建立你的受眾和擴大你的會員。大力稱讚你的會員，應該融入你做的所有事之中。與其談論自己，不如多分享會員所獲得的成果，這樣效果更好。如果老是只講自己的成果，人們可能會對我說的話打折扣，認為我的經驗是特例，對他們不一定有效。但越常分享會員的故事，這種心魔就越不容易出現。

和你們分享邦尼·斯諾登（Bonny Snowdon）的例子。四年前，她還沒有自己的線上事業，但她對用色鉛筆畫動物有濃厚的熱情，於是她開始分享，主要是透過Instagram。後來她決定，如果想更有效地讓受眾學會畫畫，建立會員制度是更好的方式。兩年後，她的事業突破百萬美元大關！

暫停一下。你看得出這有多驚人嗎？你會不會也有點好奇，想去看看她的Instagram或會員網站？故事是一種非常有力的方式，能展示你提供的價值，也能有效為你的品牌建立出一個強大的社群。請記住，要不斷、不斷、不斷蒐集更多故事，擴充你社群中的成功案例資料庫。

在predictableprofitsbook.com上有斯諾登的完整案例研究，你可以進一步了解她那段令人振奮的歷程。

「卓越循環」是你最有價值的行銷工具，它也應該是你在建立會員事業時的核心原則。你的目的就是為了幫助他人，支持他們、教導他們、鼓勵他們，讓他們更接近自己渴望的成果或目標。不管你的會員制度是為了什麼而設立，最終目標永遠都是幫某人實現某個成果。這對你的會員來說是一個勝利，對你自己來說也是。而且你越能幫會員達成成果，你的會員事業就越有利可圖。

你現在的目標，就是去幫助一個人，幫他達成一個成果，然後得到一個故事。你有能力幫助人，你有值得分享的東西。我知道踏出這一步有點可怕，但只要你手上有一些實績，證明你的方法真的有效，一切就會容易許多。從幫助人開始，為自己創造這些實績，將帶給你持續前進的鼓舞與動能。

你越能幫會員達成成果，你的會員事業就越有利可圖。

我想用喬伊．安德森（Joy Anderson）的故事來為本章作結，她是我們社群中非常棒的會員，經營一間幼兒園長達十年，每月營收將近三萬美元。雖然聽起來很多，但因為就學貸款，她家裡的負債超過四十萬美元。這樣的負擔，加上每月開銷，使她仍無法擺脫債務。她身心俱疲、情緒低落、瀕臨崩潰。她渴望生活步調能慢下來，卻也擔心自己永遠無法停止工作。

最終她決定賣掉事業，這在某種程度上減輕了債務，但她仍然需要養家活口。隔年，她開始為幼兒園經營者建立了一個會員網站，畢竟她曾有成功經營的經驗，或許可以幫助其他人。第一年並不容易，於是第二年她加入了我的「會員體驗」課程。十個月內，她的會員數量成長了十倍，如今已累計創造超過三百萬美元的營收。最棒的是，這份來自會員的穩定月收入，讓她在需要時都可以休假。這一切，都因為她開始服務她的受眾，並慶祝他們的成功。

第八章
保持中立賺不了錢！清楚表達你的立場

我的一位行銷界朋友吉姆．艾德華（Jim Edwards）曾說過：「愛我或恨我，保持中立是賺不到錢的。」這句話深深烙印在我心裡，他的意思是：你必須堅持某些立場。

這不只是寫一段使命或願景宣言那麼簡單，更是要理解你所堅持的核心理念——那些理念，最終會吸引與你價值觀相同的顧客。如果你想帶來深遠的影響，無論是對顧客的人生、對世界，甚至是對你的存款金額，了解你的價值觀和信念就是關鍵。它會塑造你的會員制度，也會與你的顧客建立起更深層的連結。長久以來，即使我以為在經營事業時很清楚自己的原則，但其實不然，直到有一次，我聽到某個人說了一段和我信念完全相反的話，才真正明白自己的價值觀究竟是什麼。

我清楚記得，那是聖誕節前的一個星期五，當時我在看蓋瑞．范納洽（Gary Vaynerchuk）的影片。先說清楚，我非常尊敬范納洽和他的工作，他的第一本書我們買了幾百本，還訪問過他。但他那支影片讓我有點不安，他強調，要成功就得長時間工作、不停奮鬥拚命，甚至提到自己星期五晚上還在加班，而其他人都已經回家陪家人了。

就在那一刻，我清楚意識到自己的價值觀和他不一樣。我相信與家人共度有品質的時光非常重要，尤其是假日。我知道自己想要打造的事業，能讓我隨心所欲地陪伴重要的人，我不以在辦公室「奮鬥」到凌晨為傲，那不是我創業的理由。我想要在家裡陪伴對我最重要的人，一想到「只有拚命才能成功」這種觀念，我整個人都覺得焦躁不安。這樣的體悟讓我錄製了一支影片，分享我的信念與價值觀，強調我們應該打造一種服務於自己的人生、讓我們擁有更多時間陪伴摯愛的事業。

那支影片的迴響非常驚人，很多人對我的訊息產生共鳴並表達支持。當然，也有很多人無法認同，畢竟表達立場就會有這樣的結果，即使是像「我不認同在節日還要拚命工作」的觀點，也會產生兩極化的看法。沒關係！這是件好事，因為你可以吸引認同你的人。

人會自然被「像自己」的人吸引。在心理學中，這叫作相似吸引效應（similarity-attraction effect），我們都會尋找在不同面向上和自己契合的人，選擇和自己背景、態度相似的朋友。有時候，一群朋友甚至連外表看起來都很像，因為我們在潛意識裡，會被打扮和自己相似的人吸引。當然，這種現象也有明顯的缺點，會讓自己活在同溫層裡。但對你的事業來說，重點在於：如果你誠實且清楚地表達你的價值觀，你會吸引到與你有相同信念的人。當我們用真誠的方式溝通，並將價值觀融入公司、會員制度以及我們所做的一切時，就能與想要服務的對象，建立起更深層的連結。

我知道或許有些人不想表達不同看法，或寧願避免衝突，我懂。但如果你想取悅每個人，最終什麼人都取悅不了。在你說出自己的觀點、信仰和理念時，你會經歷更多成長。我不是要你談政治或宗教（事實上，我建議你避開那些議題），而是鼓勵你將心思放在對你重要的事情上，且勇敢地分享出來。如此一來，你其實是為你的受眾說出他們早就在想、在感受、甚至也想說出口的話。這樣的契合感，就是他們願意追隨你的重要原因。如果你對分享感到害怕，那就從小事開始。只要記住，你這麼做不只是為了自己，也是為了那些你想要在會員制度中帶領與服務的人。

在我的事業中，我們有一套核心價值觀，作為一切行動的指引：**影響力**、**創新**、**正直**、**簡單**、**社群與樂趣**。這些價值觀貫穿我們的每一項工作，從行銷內容到客戶服務都是如此。當我們在社群內容與會員制度中主動表達並實踐這些價值觀時，就強化了我們與受眾之間的連結。

花點時間想想自己的信念，把你立刻聯想到的事物寫下來。如果一時想不到，可以想想你不喜歡或不支持的事，正如我那次從范納洽身上學到的，有時候也同樣有幫助。

- 什麼事會讓你熱血沸騰（無論正面還是負面）？
- 什麼事會讓你畏縮退卻？
- 什麼事讓你開心？
- 你對什麼事有非常強烈的看法？
- 什麼事會觸發你內心的情緒？
- 什麼事會讓你想與他人爭論？
- 什麼事會讓你徹底抓狂？
- 什麼事會讓你堅決反對？

在你回答完這些問題後，再問自己，為什麼？為什麼你對這些事有那麼強烈的感受？這些答案很快會引導你，找到你認為重要且值得堅持的原則。我之所以能馬上確定「拚命文化」不適合我，是因為對我來說，創業就是為了擁有主導權，主導自己想怎麼做、想用什麼方式去做。而這一切歸根究柢，就是與最重要的人在一起，這就是我當初選擇經營會員模式的原因。

如果我更深入地思考「為什麼」，就會意識到其中有些部分與我的父母有關。他們對自己的財務未來沒有太多主導權，只能從事不喜歡的工作、且工時很長，必須犧牲許多希望和夢想，因為他們別無選擇。但他們的最終目標，就是讓我和妹妹過著無須煩惱的生活，這一點我永遠心懷感激，也希望用我選擇的生活來回報這份付出。我希望善用這份禮物，與對未來的掌控權，去設計一種以我想要的生活為核心、而不是被事業綁架的人生。

當你清楚了解自己的信念，請堅持下去，承擔責任並堅定立場，即使其他人不同意。接下來，將你的每個價值觀提煉為短句或詞彙，這不僅讓你更容易記住自己的立場，也能讓別人更容易產生連結。你人生中最看重的價值是什麼？這就是吸引受眾的超能力。

以下有一些激發靈感的點子：

- 接納
- 問責
- 覺察
- 平衡
- 勇敢
- 整潔
- 社群
- 慈悲
- 信心
- 一致性
- 創造力
- 可信度
- 尊嚴
- 紀律
- 動力
- 同理心
- 賦權
- 能量

- 熱忱
- 專注
- 樂趣
- 偉大
- 努力
- 希望
- 個性
- 知識
- 邏輯
- 成熟度
- 組織性
- 生產力
- 目的
- 責任
- 自發性

- 道德
- 自由
- 優雅
- 成長
- 健康
- 想像力
- 喜悅
- 領導力
- 愛
- 動機
- 原創性
- 專業精神
- 娛樂
- 風險
- 穩定

- 家庭
- 友誼
- 感激
- 幸福
- 誠實
- 獨立
- 善良
- 學習
- 忠誠度
- 秩序
- 熱情
- 繁榮
- 尊重
- 靈性
- 力量

- 結構
- 驚喜
- 韌性
- 透明度
- 理解
- 活力
- 成功
- 團隊合作
- 傳統
- 值得信賴
- 獨特性
- 財富
- 支持
- 寬容
- 寧靜
- 真理
- 願景

當你開始建立你的受眾、並選擇你的平台時，不要害怕堅持某些立場。可以看看我的Instagram貼文或電子郵件，就會看到我將樂趣融入其中，我的照片總是很愚蠢，我的語氣總是很隨性。我透過發表和家人相關的事、和家人一起做的事，來展示價值觀，刻意吸引那些想要過著同樣生活的人。你也會吸引到屬於你的受眾，透過堅持某種立場而獲得更快的成長。

RECREATION
TRUTH
SPIRITUALITY
RESPONSIBILITY
ACCEPTANCE
COMPASSION
CONSISTENCY
CONFIDENCE
ACCOUNTABILITY
BRAVERY
CLEANLINESS
AWARENESS
BALANCE
COMMUNITY
CREATIVITY
CREDIBILITY
ETHICAL
ENERGY
DISCIPLINE
DRIVE
ENTHUSIASM
DIGNITY
EMPOWERMENT
SUCCESS
TRANSPARENCY
VITALITY
FAMILY
FOCUS
FREEDOM
WHAT DO YOU
STAND FOR?
TEAMWORK
FRIENDSHIP
EMPATHY
FUN
GRACE
GRATITUDE
GROWTH
HONESTY
HEALTH
HARD WORK
GREATNESS
HOPE
IMAGINATION
KINDNESS
INDIVIDUALITY
HAPPINESS
INDEPENDENCE
JOY
LEADERSHIP
LEARNING
KNOWLEDGE
LOYALTY
MATURITY
ORDER
PASSION
ORGANIZATION
PRODUCTIVITY
LOGIC
LOVE
ORIGINALITY
PURPOSE
RESPECT
RISK
STRENGTH
PROSPERITY
STABILITY
PROFESSIONALISM
STRUCTURE
VISION
UNIQUENESS
WEALTH
TOLERANCE
UNDERSTANDING
TRADITIONAL
TOUGHNESS

你代表什麼？

第九章

選一個平台當成主場

要開始建立你的受眾，就選一個平台吧。

就是這樣。這章結束。

好啦，我是半開玩笑的。但說真的，差不多就是這麼簡單。

每天都有新的社群平台或內容分享網站冒出來，每個都有自己獨特的功能和受眾。臉書、Instagram、YouTube、Snapchat、Pinterest、TikTok、LinkedIn、X……，我們要從中選擇一個開始，你不需要同時出現在每個地方，事實上，我建議你別這麼做。**如果你試圖同時出現在每個地方，最後往往哪裡都顧不好，也無法有效服務任何人。**

做點研究，找出你的潛在受眾最常出沒、最活躍、最投入的平台。不同平台吸引不同受眾，有些人喜歡臉書的熟悉感和社群性，有些人更受Instagram的視覺導向風格吸引。有人喜歡TikTok有趣的短影音，還有些人是為了經營專業人脈而使用LinkedIn。盡可能選擇你的受眾已經在的地方。

你也要考量到，自己在哪個平台上最自在。你已經非常熟悉某個社群平台？你喜歡寫長文，還是比較擅長對著鏡頭說話？找出受眾出沒的地方很重要，但選擇能發揮自己優勢的平台也很重要。挑戰新事物、跳出舒適圈，確實是創業的一部分，但在你正要起步並建立動能的階段，選擇對你來說最輕鬆、最自然的平台會更有利。

最重要的是：不要把這件事想得太複雜。做個有根據的判斷就好，你隨時都可以調整方向，或將內容轉換到其他平台（第十二章會談到這部分）。但當你已經帶著動力往前走時，接下來的進展就會容易許多。我會知道，是因為當我已經將精力專注於一個平台上時，就能在更短的時間內，產生更大的影響。

在我剛起步時，選擇臉書作為主力平台，我熟悉臉書，也知道市場中有許多顧客都有使用臉書。而且我也知道，在我準備好後，可以在那個平台上投放廣告，這對我來說是一大加分。你的選擇也可以這麼簡單。別讓選擇平台拖慢你的腳步，選了一個就立即開始行動，開始創作內容，開始服務受眾！

我們將採用六步驟流程，用來吸引你的受眾：

一、選擇你的平台。假設你已經選好了，很好。

二、創作內容，展現專業並建立權威。這代表要產出有價值且具吸引力的內容，好抓住受眾的注意力。別緊張，我會在下一章教你怎麼簡單快速地做到這件事。

三、固定發文。為了建立信任感與可信度，你需要穩定地產生內容，與受眾互動，這表示你要為創作和分享內容建立固定的節奏與時程。

四、與受眾互動。與受眾建立連結和關係極其重要，你越主動與內容讀者互動，就越能鞏固你的權威，並打造出忠實的支持者。

五、開啟對話。和你的受眾利用留言區、私訊、電子郵件或通話聊天互動。

六、產生銷售。即使你現在還沒有任何產品可以販售，也可以先讓受眾加入你的免費名單（第十三章會介紹）。

這套方法基本上可以套用到任何平台，即使那些平台一直在變化也沒關係。如果你在這本書出版後五十年才讀到這段文字，那時最熱門的社群媒體可能叫作腳趾夾，這方法還是有效。就在腳趾夾上發文吧！如果你才剛起步，而腳趾夾適合你，就從那裡開始，但不要想每個平台都用。那真的很難，尤其是在起步階段。提升你的成功機率；簡化你的努力。無論世事如何演變，這都是你行事的基本原則。你知道為什麼嗎？因為原則始終如一，人也一樣。

就這麼簡單。你要做的，就是幫助人，然後當一個很酷的正常人，不要做作，不要過度推銷，不要特立獨行。放輕鬆，走到人群所在的地方和他們相遇，提供能幫助他們的解決方案，提供服務，就能贏得一輩子支持你的粉絲。

當你依這些步驟前進時，你會看到滾雪球效應。你的努力一開始可能很微小，但會隨著時間過去而越長越大。當你持續投入，不斷提供有價值的內容，就能創造信任，建立你的權威。這將為你的會員制度鋪路，因為你的受眾早已認識你、喜歡你，也信任你了。

現在是時候啟程，開始打造你的受眾了。想想你的受眾會在哪裡出沒、他們喜歡哪種內容，以及你在哪裡能產生最大的影響。在你做出選擇後，接下來就要專注於創作有價值的內容，穩定產出，並與受眾互動。記住，這對你的事業而言是一項長期投資，最終，你會希望自己的內容擴散到不同平台與不同形式，而這一切都今天開始，從選定一個平台開始。那麼……你的平台是哪一個呢？

你可能會想：「好了，我選好平台了。但我到底要發表什麼內容？」下一章就會介紹這個，我們會談談怎麼讓你成為市場上的權威，還有如何用簡單的方法，打造大量與你的會員制度主題一致的內容。

第十章

創造優質內容的五部分框架

當你開始建立受眾時，不管是在社群媒體發文，或是稍後我們會提到的其他方法，如果有個簡單的架構可以依循，每次創作內容都會輕鬆許多。幸運的是，我正好設計出這樣的架構，現在就來說明。無論你在哪裡、什麼時候，想要接觸潛在顧客，並幫他們解決問題，都能使用這套架構。非常簡單！

以下是我教任何主題時都能使用的五部分框架：

一、吸引人的開場。你已經知道自己要解決的問題，所以開場就應該圍繞著這個問題。保持簡短有力，立刻吸引對方的注意，讓他們知道接下來會有極具價值的內容。這個吸引人的開場可以針對他們的問題、挑戰、渴望或理想的成果。我也喜歡能引起好奇心的開場。如果你卡關了，可以看看第十四章的標題技巧。

二、說故事。你現在應該知道我多喜歡用故事來教學了。故事令人難忘，絕對是最棒的連結方式，你可以分享自己的故事，或是你認識的人中，是否有人遇到和受眾相同的經驗。要在故事中暗示：這個問題有解決方法，而且是更好的方法，而你即將揭曉。

三、傳授實際內容。說清楚你即將分享內容的背後目的，列出問題解決方法的重點。我建議將重點的數量控制在最少，我通常每次教學只會有三到五個重點，如果超過這個數字，人們會感覺壓力太大，最後什麼都沒做。就像喜劇演員肯．戴維斯（Ken Davis）在他的演講培訓課SCORRE™裡說的那樣：「你希望聽眾在演講之後知道什麼、或做出什麼行動？」

四、發出行動呼籲。這是內容中最重要的部分，你要引導觀眾前往你的登陸頁面，索取你精心準備的免費資源（也就是名單蒐集工具）。如果想增加吸引力，我鼓勵你針對你的教學對象，設計一個專屬的名單蒐集工具。這可能要多花一點工夫，但絕對值得。

舉例來說，艾咪可以製作一張清單，上面列出她在打造五星級住宿體驗時，購買毛巾、床單和其他用品的網站和資源。不需要太多時間，卻能精準鎖定那群特定受眾。這種做法很適合在簡報結尾使用，通常我會這樣說：「你可能還有很多關於經營會員網站的問題，好消息是我已經將最常被問到的十大問題，整理成一份指南，而且還附上大量實際案例，一定能激發你的靈感。如果你想要這份指南，只要造訪 www.TheMembershipGuide.com 就可以囉！」是不是很簡單？你唯一不該做的，就是提供完全無關的名單蒐集工具內容，它一定要與你剛才教的東西息息相關。

五、簡要總結教學內容，並再次強調行動呼籲，把所有內容做個漂亮的結尾。我通常會這樣結尾：「今天我們談到了（開場吸引點）、還有（第一課）、（第二課）和（第三課），如果你想獲得一份免費指南，內容保證能解答你對建立會員制度最迫切的疑問，並激發你的創意靈感，請造訪 www.TheMembershipGuide.com。」

以下再舉一個實際案例。我們社群裡的成員布萊克．佛萊（Blake Fly）受邀擔任一場大型線上活動的主持人。一般來說，他會收一筆固定費用，但這次我建議他放棄這筆費用，換取一個機會：能夠向活動觀眾提供一份免費資源，幫助他們實踐活動中學到的內容。

他照做了。在活動中的某個時段，他用十分鐘簡單教大家如何與陌生人建立連結，並在結尾告訴大家，如果他們想知道更多策略，可以前往一個網站取得更多想法。當然，這就是他的名單蒐集工具，是他專為這場活動和觀眾所設計。

短短十分鐘，一場簡短的教學和專屬的行動呼籲，就讓他新增了超過四百人的電子郵件名單！而且這些人都是非常精準的目標對象，他們已經表現出願意投資自己，因為他們已經付出兩千美元參加這場活動！這招就是這麼強大。順帶一提，他主持這場活動後，還獲得不少產品銷售、演講邀約及其他各種機會。

只要掌握這套架構，你隨時都能為受眾產出內容與課程，你也可以將它延伸應用在研討會、直播或任何教學活動上。現在，我們來談談如何在短短幾個小時內，規劃出好幾個月的貼文內容。

第十一章

快速創造三十日內容的十乘三架構

能吸引理想顧客的內容，不需要搞得很複雜或非常花時間！它可以簡單又快速。事實上，它簡單到你可以在幾分鐘內，就規劃出整個平台的內容。你準備好了嗎？

我要教你一個小小的架構，可以在短時間內產出大量內容。我一步步帶你了解這個方法時，你可能會覺得這實在太簡單了。我希望你放下所有批判和舊有的想法，擁抱這個概念，打開心胸接受這個架構的簡單。

在我們開始前，我希望你再複習一下第九章所培養的研究技巧，再去逛逛與你會員主題相關的臉書社團、部落格留言區或YouTube影片等。重新參考你的「訊息地圖」，因為我們（永遠）都在尋找你的市場正在面對的**問題**與**挑戰**。記住，建立平台的本質就是幫助他人。所以現在，讓我們一起幫助受眾解決他們的問題。

當你在瀏覽不同的臉書社團、部落格留言、YouTube影片或其他社群媒體時，留意那些表達

「挫折」的內容，找出那些說明人們想要某些事物、但還沒得到的語句。像是「我希望有人可以幫我……」「有人知道怎麼做嗎？」「我真的被……搞得很煩。」這類的話。你要尋找那些描述挫折、挑戰與問題，並反覆出現的語句。

舉例來說，我太太設計了一間豪華民宿，非常成功，所以我們收取當地一般平均房價的三倍，還是天天被訂滿。她也穩定收到五星評價、回頭客與口耳相傳的推薦（你可以在Instagram上找@DoverLakeHouse）。因此，有很多人來問艾咪：「妳是怎麼做到的？我也好想經營類似的民宿。」艾咪的一個祕訣是，她非常重視「體驗」，這讓她能收取更高的價格，這也是顧客不斷回流的主因。艾咪所做的一切，都有意識地去塑造顧客體驗，這是一個可重複的過程。當這些提問出現後，她也樂於一一回答。

身為會員制度專家，有天我對她說：「寶貝，這可以成為一個很棒的會員制度。」

她說：「什麼意思？」

我說：「妳可以教其他人怎麼做這件事。」

她回答：「喔，但你知道，這其實滿簡單的，沒什麼啦。」

等等，**如果你也有過類似的想法，覺得某件事太簡單了，大家都會知道，我現在告訴你：不，他們不知道。**因此你要特別留意這類線索，當人們開始向你提問，或你看到他們在社群或討論區裡努力尋找答案時，這些都是市場正在面對的問題與挑戰。那些對你來說輕而易舉、不費吹灰之力的事，對他們而言可能非常困難或充滿挑戰。

一開始，艾咪並沒有一群想要打造豪華民宿體驗的受眾，所以我們上臉書查了幾個社團。我只是搜尋「短期租屋」或「民宿」相關的社團，很快就找到好幾個，有些成員有幾萬人，甚至至有幾十萬人！接著我開始瀏覽這些社團，照我建議你的方式，尋找他們的問題和挑戰。不到兩分鐘，我就在一個臉書社團裡發現一個反覆出現的問題，很多人都在問：「大家都用什麼牌子的床單和寢具啊？你們是用彩色還是白色的床單？那小朋友的床單呢？也用白色嗎？那毛巾呢？你們會買貴的毛巾嗎？」

我問了艾咪，她說：「我就去某間店買這個牌子。」我打斷她：「好，但妳為什麼買那個牌子？」對她來說平凡無奇，但對其他人來說顯然不是。結果發現，艾咪幾乎什麼問題都有一個答案，她知道要買什麼蠟燭、人們最愛吃什麼點心，怎麼布置空間，才能讓客人一走進去就忍不住拍照打卡。最重要的是，她非常清楚哪種寢具和毛巾會受到客人喜愛——甚至喜愛到主動在網站評價中提到它們！

這一點在你的市場也成立。只要你開始做點研究，你會發現內容靈感真的取之不盡、用之不竭，這將為我們簡易的內容產出架構打下基礎。根據你的研究，列出不同的問題、挑戰和疑問，越多越好。將它們寫下來，用「意識流」的方式去寫，不用想太多，不用過度分析，直接寫下來。如果你開始覺得「這好像跟剛剛那個一樣」，現在也先不用管，就這樣寫下來，蒐集越多越好，因為接下來我要請你將它們填進我所謂的「十乘三架構」。如果你想不出來，別擔心，第十二章我會教你一條捷徑。

你會發現內容靈感真的取之不盡、用之不竭。

這個概念很簡單：找出十個不同的問題或挑戰。我猜你在研究中一定會發現超過十個，但在這個練習裡，我們只需要十個。接下來，你要為這十個問題分別提供三個解決方案或策略，你猜會發生什麼事？你立刻就擁有三十天的內容了。就這麼簡單，輕而易舉。這個過程可以重複無數次，幾個小時內，你就能規劃出幾個月、甚至一整年的內容。

我的學員麗莎．K是一位直覺教練，經營一個會員制度，幫助他人與神聖指引有更深的連結。如果看她的Instagram，會發現她完美運用了十乘三架構，她的貼文包括像是「分辨直覺與恐懼的五個明確方法」和「召喚守護天使的三個步驟」。她知道受眾會遇到的問題和挑戰，依解決方案規劃好了內容。

真的，就是這樣。你要做的，就是找到十個不同的問題，分別提供三個可能的解決方案（可能是技巧、想法、策略、工具、資源，甚至是有用的網站、書籍、podcast、影片等等）。記得我之前叫你先把懷疑放在一邊，相信我一次嗎？真的就這麼簡單。就像我的朋友蘇西・摩爾（Susie Moore）說的：「讓事情變簡單吧！」記住，無壓力正是我們的哲學之一。

總之，永遠從單一平台開始製作內容，並專注於你的市場面對的問題和挑戰。他們現在遇到的困難是什麼？在哪裡感受到阻力和壓力？是什麼讓他們夜不成眠？他們有什麼問題？又有什麼問題是他們一問再問的？

如果你持之以恆這樣做，你將成為那個主題裡的萬事通，最終也會累積出能分享的成功故事。多年前，在我開設課程之前，我曾經營一間願望清單會員公司，那是當時全球最大的WordPress會員外掛程式。我們服務了成千上萬的使用者，後來，如我之前提過的，我賣掉了公司的股份。

在那之後，我其實不確定自己要做什麼。一方面，我相信自己，知道我要給自己空間去尋找下一步。但另一方面，我又有極大的急迫感，覺得無論下一步是什麼，我都必須盡快釐清，特別是因為我剛成為一個父親。所以我主動聯絡朋友和業界夥伴，詢問他們的想法。有天，我的摯友兼導師里德・崔西（Reid Tracy）告訴我：「你知道嗎？我覺得你應該全心幫助人們建立成功且能獲利的會員網站。」

我說：「但我不知道會不會真的有那麼多人想學這個，或想運用這些知識。」

他很溫和地回答我：「我覺得你錯了，我真的很鼓勵你朝這個方向發展。」崔西從商的經驗比我豐富太多，他是賀氏書屋（Hay House）的執行長（也就是這本書的出版商！），在我看來，他比我聰明多了，所以我決定相信他的鼓勵，暫時擱下自己的判斷，聽取他的建議。你也遇過這種情況嗎？有人給你建議，你心裡有點猶豫，但你相信他們，內心深處覺得他們是對的？

但接著我開始思考，**我要怎麼在這個領域建立起自己的權威呢？**我雖然創辦了願望清單會員公司，但「會員制度專家」的名聲還是鮮為人知，我比較像是在幕後工作的人。所以，跟你一樣，我開始從零開始建立一個平台，培養自己的受眾。首先，我選定了平台，然後開始製作一些內容，我不確定該怎麼做，因為我以前從未創作過這種「面對觀眾」的內容。我姐夫費拉喬利，同時也是我的事業夥伴，他告訴我：「我認識你這麼久，你從來不缺話題。我們只需要讓你開始談談那些受眾真正有興趣的主題，以及他們正在面對的問題和挑戰。」

所以我們就這麼做了。我們開始到處尋找人們在「將知識轉化成穩定會員收入」這件事上，遇到的問題與挑戰。我知道怎麼解決這些問題，這就是我多年來在做的事，只是沒有公開教學過而已。所以我用剛剛介紹的十乘三架構，在每支影片結尾提問：「你對如何經營一個能賺錢的會員制度有疑問嗎？歡迎在留言告訴我。」

結果就是，我開始收到大量提問，並成為我源源不絕的內容靈感來源。我完全不需要埋頭苦思，因為靈感就這樣輕鬆降臨。我只要回答人們提出的問題，就能輕鬆且穩定地產出內容。你也可以做到。

加碼小技巧

如果你有經營電子報，可以在訂閱者收到第一封信的結尾加上附註，簡單地問他們：「你在達成（他們渴望的成果）方面，最大的挑戰是什麼？直接回信告訴我吧！」我當時寫的是：「你在打造能賺錢的會員網站時，最大的挑戰是什麼？直接回信讓我知道吧！」

從研究開始，然後實行十乘三架構。如果再加上前面的加碼小技巧，主動請受眾提出更多問題，你就會開始穩定收到一堆新問題。自此之後，你只要回答那些問題就好。

在這個過程中，你不只能穩定創作內容，大大幫助你的理想顧客，也建立你在市場上的權威地位。我就是這樣，很快地，只要有人對會員模式有問題，就會聽到別人說：「喔，那你一定要去跟麥克拉倫談談。」這一切都來自我從零開始建立受眾，我使用的就是這套架構，而且只在一個平台上貼文。

說真的，我知道你可能在想：「創作內容，聽起來要做好多事耶。」雖然這一切絕對值得，但確實需要你投入時間。下一章，我們就要來談談如何快速產出大量內容。

在 predictableprofitsbook.com，我提供了一個可免費下載的範本，幫助你根據問題／解決方案框架，打造自己的內容日曆。

第十二章

更快產生更多內容的創作技巧

我知道你很忙，你有生活、有孩子、有工作或一間公司，根本沒時間每天花好幾個小時思考該在社群媒體上寫什麼、下一篇內容該貼什麼。這一章要提供你一系列快速又簡單的內容創作技巧。

一、批次製作內容

簡單來說，就是一次生產一大堆內容。我鼓勵你安排特定幾天，用來大量製作內容。讓我舉個例子。

有天，我們團隊正在處理這些問題／解決方案內容時，我們的行銷總監瑞克建議安排一個下午，回答一堆有關會員網站的問題。我們排出三個小時做這件事。流程很簡單：攝影鏡頭對著我，瑞克在鏡頭外發問，我就一個接一個作答。結果我們產生了非常多內容（大量的短影音），之後就能安排定時發表。你也可以用同樣的方法，試著一次規劃製作兩、三個月的內容，這樣你會有緩衝時間，也能更從容地與受眾互動。一次搞定，就能專心做其他事了。

二、請一個人在鏡頭外提問，讓整個流程更自然流暢

如果你身邊沒有其他人，你可以用視訊會議軟體，先把對話錄下來。達成這個目標的方法有很多種，不必糾結實行的細節，先付諸行動更重要。關鍵在於盡可能提高效率。

專業技巧：當有人在鏡頭外提問，你回答時也要把問題重複一遍。舉例來說，如果有人問我：「提升會員留存率最有效的方法是什麼？」我會回答：「提升會員留存率最有效的方法是……」然後開始說明。懂了嗎？這麼做的好處是，你的影片就不一定要剪進問題本身，也能加速後續的上線流程。

三、製作多種格式的內容

等等，我們剛剛不是說只需要選一個平台嗎？沒錯，但聽我解釋。你只需要創作十乘三架

構的內容，不用更多。舉例來說，如果你錄了影片，可以用工具自動產出聲音檔和逐字稿，讓工具處理大部分工作。如此一來，你就可以依不同受眾的偏好，有效擴大觸及範圍。一段內容可以變成影片片段、聲音片段，甚至是貼文和文案。要聰明工作，而不是辛苦工作。

四、製作容易消化的內容

簡短、容易消化的內容，更能讓人專注且保持興趣。與其做一支六十分鐘的影片，不如做五支十分鐘的影片，受眾會更容易投入。你希望他們能在短時間內看完一段內容，獲得快速的成果、可行的行動建議，或是一個能啟發思考的觀點。如果你可以回答人們的問題，並幫助他們更快、更輕鬆地取得進步，那就更好了！

五、確保你的內容具有長效性

避免提到特定日期或特定時間的事件，這會讓內容很快過時。請聚焦在那些歷久彌新的原則和概念上，你會希望這些內容在多年後對你的受眾仍有幫助。如果你在影片裡提到「昨天」發生的某個全球性事件，而潛在客戶是在兩年後才看到這支影片，他們可能會覺得這段內容已經不適用，儘管事實上不然。

六、不要忽視內容再利用的價值

你可能已經擁有滿滿的優質內容，只要加入新的範例、觀點或故事就能再度使用。教學的基礎可以不變，只要換個格式或媒介呈現就好。你可以把影片轉成podcast，將逐字稿轉成部落格文章，或是將文案變成Instagram貼文。然後從影片中擷取最有趣的一段，做成短影音。我們可以利用軟體，快速將影片內容轉成適合Instagram、臉書、LinkedIn和X的短影音，也能用在podcast或部落格上。

例如，幾年前我做了一個系列，定期訪問在會員招募上有創新做法的學員。其中一集，我訪問了安娜．索緒爾（Anna Saucier），她的會員制度上線時，用了一個非常出色的方式（詳見第十六章）。我們用那次訪談製作出一份「像索緒爾一樣成功推出會員制度」的PDF指南、一個MP3音檔、一份長達三十一頁的逐字稿、一個上線計畫、一個社群媒體貼文腳本，和一份電子郵件範本。這就是把一段內容發揮到極致的最佳案例！

七、貼文重複、重複、再重複

社群平台永遠不會讓百分之百的追蹤者都看到你的內容，所以當你發現某一則貼文效果很好，就原封不動地再貼一次吧！只要間隔三十天就好。並不是每個人都會看到你的內容，也不是每個人都記得你貼過什麼。就像我寫這一章時，也滑了一下我的Instagram，我兩天前重發了一則三十天前發過的短影音，結果幾乎累積了相同的觀看次數、更多留言，收藏數也大約達到一半。所以當你找到「重量級內容」，就把它收進一個「常用素材庫」裡，固定輪播使用。這就像你是U2樂團，開演唱會時不能只唱新歌，要不斷唱粉絲想聽的經典金曲！誰想去聽U2演唱會卻聽不到〈Beautiful Day〉呢？

八、善用人工智慧

人工智慧是創作內容最快速的方法之一。你可以用AI做各種事，包括發想內容主題、撰寫開場白與文案等。你可以在自己慣用的AI平台，上試試以下這些提示語：

- 你可以請幫我列出與（主題）相關的十大分類嗎？
- 你能針對第一類，幫我產出X個想法嗎？我想聚焦在人們常見的問題、挑戰、恐懼、渴望、目標或問題。每個想法請包含一個簡短、能激起好奇心的開場，再加上一段提供更多脈絡的副標題。
- 你能幫我在（主題）分類下的每個想法，提供三個說明重點嗎？

現在，就像我之前說的，製作平台內容只是難題的一部分，我們藉此吸引受眾（這是好事），但我們並不擁有這個平台（這就不太妙了）。這使我們處於一種潛在的脆弱處境中，我們的事業可能奠基在我們幾乎無法控制的事物。

好消息是，有一個非常可行的解決方案，在經營平台受眾的同時，建立你的電子郵件名單。接下來幾章我們會深入談談，如何將人們從社群平台轉移到電子郵件名單中。

你可以將一份內容延伸為：
藍圖、指南、podcast、YouTube 影片、社群貼文、電子郵件範本、簡報、部落格文章

第十三章
增加十萬潛在客戶的兩大絕招

好了，是時候把焦點放在建立電子郵件名單上了，這可是你事業中最有價值的資產。事實是：**名單越長，你賺的錢就越多**。大家都想要這樣，對吧？不像可能倒閉的社群平台，或被關閉的帳戶，電子郵件名單是你真正擁有的資源，能讓你直接與受眾溝通。我的朋友莎．瓦茲蒙德（Shaa Wasmund），她的臉書帳號曾經被駭客入侵，不幸的是，駭客開始發表不當內容，所以臉書完全關閉了她的帳號，連她的Instagram也被停用。

想像一下……你每天都為受眾提供有價值的內容，突然間，因為一件你完全無法控制的事，你的帳號被停用了。她花了好幾個月才找到幫得上忙的人。更糟的是，因為她無法登入帳號，也無法下任何廣告，這簡直就是場惡夢。但因為她有電子郵件清單，才能讓事業繼續運作，持續為她的課程帶來收入。希望這種事永遠不要發生在你身上，但萬一真的發生了，你得做好準備。

若想成功發展事業，我們必須專注於三個面向：**吸引注意**（我們已經討論過了）、**轉換注意**（轉化為名單或銷售），以及**維持注意**（留住客戶，我們會在第四十一章再深入探討）。現在，我們要專注在如何把從平台獲得的關注，轉化為電子郵件名單。其中一個方法，就是設計「名單蒐集工具」：也就是你提供免費資源給受眾，換取對方留下電子郵件地址。

名單蒐集工具的主要目標，是在一開始就提供價值，與受眾建立起堅固的關係。這會培養彼此的連結，日後提出產品或服務時會變得容易許多。你不必費盡心思去推銷，因為有著「認識、喜歡、信任」的這段關係，早在初期就已建立。好的名單蒐集工具應該做到以下幾點：

一、要能解決一個明確的問題，並為受眾帶來具體的好處。最重要的是，它應該能帶來快速成果，因為「立即見效」非常有吸引力。舉例來說，如果你膝蓋疼痛，而你發現一份ＰＤＦ，裡面清楚說明了三個減輕疼痛的簡單步驟，這對你來說肯定很有吸引力。相反地，若另一份下載資源只是談論身體疼痛的概念，那吸引力就大大降低了。請盡可能清楚地說明你的名單蒐集工具所帶來的好處，並且盡可能具體解釋你要解決的問題。

二、它應該要讓你成為市場中的專家。它不只要能提供極大的價值，還應該提高潛在客戶加入會員的可能性。

名單蒐集工具依據它能幫助受眾達到的目標，可以分為三大類：**成長**（無論是心智、情感或靈性上）；**節省**（節省時間、金錢或精力）；**教育**（提供範本、資源等）。從這三大類出發，你就能設計出具有吸引力又有價值的名單蒐集工具。

以下是一些靈感清單，幫助你激發創意：

一、檢查清單——簡單且可執行的步驟列表
二、電子書——內容深入的長篇指南
三、資訊圖表——視覺化呈現資訊
四、線上講座——線上研討會或工作坊
五、迷你課程——精簡版課程
六、範本——事先製作好的文件或表格
七、工具包——一系列資源、工具或應用程式
八、測驗——讓使用者學到知識的互動方式
九、小抄——濃縮版的筆記或重點提示
十、案例研究——特定專案的詳細分析

十一、免費試用——限時使用某項產品的機會
十二、折扣券——專屬的優惠活動
十三、限定影片內容——高級影音教材
十四、挑戰——逐步引導的任務或行動計畫
十五、資源清單——精選的實用工具總表
十六、計算器或工具——互動工具
十七、靈感庫——一套經過驗證的行銷郵件、文案範本或網頁內容
十八、幕後花絮——專屬的幕後內容
十九、活動票券——免費或優惠的入場票券
二十、專家訪談——深入的對談內容

如你所見，你的選擇很多，但為了讓你盡快開始，我想深入介紹兩種最有效的名單蒐集工具，它們為我們的事業帶來數十萬筆名單，而且最棒的是，它們禁得起時間考驗，五年來仍穩定為我們帶來更多名單！這兩種方法分別是「懶人包PDF」與「問答指南」，不僅製作快速又簡單，而且完全符合優良名單蒐集工具應該具備的條件。好消息是，如果你有按照前幾章的內

容進行，你已經領先非常多，你可以直接利用那些資料，來製作屬於自己的免費資源。

懶人包PDF

這是一種簡單但非常有效的名單蒐集工具，深受受眾喜愛。它的做法是聯繫專家或顧客，詢問與市場相關的特定問題，接著整理他們的回覆，並加上你自己的觀點。

我第一次發現懶人包ＰＤＦ的威力，是在與麥可．海亞特（Michael Hyatt）合作的時候。當時我們正在籌備一個新計畫，稱為「五天打造你最棒的一年」，但我們缺乏合適的受眾。我們必須自己打造。在一次團隊腦力激盪中，他的大女兒梅根想出了一個點子。

她建議聯絡各領域專家，問他們年終準備舉辦什麼儀式來迎接新年。真是個聰明的點子！海亞特開始聯絡他的朋友和同事，我們陸續收到他們的回覆，有影片、音檔，也有文字。我們仔細整理這些回覆，歸納出共通的主題並加以分類，海亞特則根據這些回覆，增加自己的論點和洞見。令人驚訝的是，從構思到完成，整個過程只花了幾天。

幾年後，我將這個策略運用到自己的事業中，但我不是找業內其他專家，而是我自己的菁英社群成員，問他們一個問題：「過去十二個月裡，你讓會員人數成長最有效的方法是什麼？」

是不是很棒的問題？其他人也這麼認為，這成為我們非常成功的名單蒐集工具。

第三個例子是我們後來製作的「全球最短行銷大會」。這個策略做了一點有趣的變化，我們沒做懶人包，而是要求每個人以六十秒或更短的時間，分享他們最棒的行銷技巧。然後我們將所有技巧彙整在Membership.io的會員專區，這個過程總共花了我們兩個小時，最耗時的部分就是蒐集影片。但我們完成後，就擁有了受眾非常喜愛的名單蒐集工具，而且大大幫助我們建立電子郵件名單（你可以在 www.60MarketingIdeas.com 上看到這份內容。）

更令人興奮的是，這些精選的名單蒐集工具看似簡單，但每一個都幫助我們累積了數以萬計的受眾，這些人都是該計畫的理想客戶。我們只需要做一次努力，在之後的多年裡，都能持續利用它們來建立名單。重點是，透過彙整他人的智慧與經驗，你可以創造出一份珍貴的資源和名單蒐集工具。

專業提示：當你蒐集好回答後，就等於一次性產出大量社群媒體內容，每則回應都可以變成單獨的社群貼文，再搭配一句行動呼籲，例如：「想看更多這類點子，請前往（你的網站）。」

這項策略有兩種主要的執行方式：

一、與知名專家互動：聯絡領域中的知名人物，即使你們之前沒打過交道。請他們針對與受眾相關的特定問題發表見解，然後仔細彙整。

二、善用現有客戶或會員：向你目前的客戶或會員提出相同問題，他們的親身經驗往往能帶來非常有價值的洞見。

決定好你要向誰徵求回覆之後，接著依照以下步驟進行：

一、明確定義問題：選定一個受眾最能想到答案的問題。可以參考你先前所做的市場調查，從受眾的痛點、挑戰或好奇出發。

二、聯繫貢獻者：如果你邀請的是知名專家，先整理好名單，並開始聯繫他們。記得盡量讓整個流程簡單方便，讓他們可以選擇自己喜歡的形式回覆，影片、音檔或文字皆可。你也不需要太長的回答，很多時候越簡短越好，通常兩到三分鐘就已足夠。

三、整理回覆內容：收到回覆後，找出共通主題和模式，按邏輯順序排列。記得取得對方的同意，才能引用或使用他們的名字和觀點。

四、加入你的觀點：分享你對這些回應的整體觀察與深入反思，並指出其中的共通性與關鍵重點。

這是馬上就可以著手執行的策略，它的一大優點是：你不需要自己創造大量內容，而是可以運用他人的智慧。

問答指南

問答指南同樣非常簡單，而且極度仰賴你之前完成的研究。不過這一次，你不必聯繫任何人。事實上，我敢打賭，你一天之內就能完成初始版本。你只要列出十個最常被問到的問題，或是最常出現在你研究中的問題，然後一一回答，你可以錄下回答的影片，再將它轉為文字內容，最後製作成一份PDF指南。這樣，你就又為你的受眾準備好一份極具價值的資源。

你是否注意到，我們現在做的，其實只是建立在過去已經完成的工作之上？我一直主張簡單，既然你已經做了這麼扎實的市場研究，根本沒要必重新發明輪子。

我的團隊和我會發展這些問答指南，是因為同樣的問題被一問再問，讓我們感到有些挫折。我的團隊經常會說：「對不起，我知道這題你已經回答一百萬次了，但社群又有人問這個問題。」所以有天，我們空出了幾個小時，一口氣把這些問題全都答完。瑞克在鏡頭外問我問題，我們很快就完成這項任務。然後我們使用 Membership.io 把影片轉成逐字稿，製作出這份問答指南。

我在這裡教你的每個內容，都是我用來建立自己受眾的方法，也是我們至今仍在使用的策略。它看起來太簡單了，但別因此小看這個點子，因為問答指南幫助我們吸引成千上萬人加入我們的世界，幾乎每個禮拜在臉書社團看到問題時都會使用到它。我們會引導他們：「這真是一個好問題，我之前有回答過，還有另外九個關於如何建立可獲利會員網站的常見問題，你可以到 www.TheMembershipGuide.com 查看我完整的回答與建議。」

我們將我回答這些問題的影片放在社群媒體上，每支影片的結尾都提醒大家可以前往網站下載完整版問答指南。因為我們在內容裡沒有提到任何具時效性的資訊，這份名單蒐集工具就一直保持「常青」，我們已經使用它好多年了。

以下是製作問答指南的步驟整理：

一、蒐集或彙整你所在市場中，受眾最想知道答案的十個問題。

二、回答這些問題。我一向建議用影片形式，因為之後可以有多種重複利用的方式。不用擔心自己不上鏡，這種影片不需要完美無瑕。

三、將回答整理成逐字稿，然後加入文件中，適時補充或說明案例以增加內容（不需要花俏的圖像或品牌 logo，這些都可以之後再補上）。

懶人包ＰＤＦ和問答指南都非常簡單，你現在就可以著手製作，並成為每天持續幫助你拓展事業的重要資產。即使你已經是經驗老到的創業者，也別嫌這些方法過於簡單而不使用。每一次，我和我的團隊都還在使用同樣的格式來擴大郵件名單，尤其是推出大型活動前。

接下來，我將帶你一步步打造可吸引受眾的登陸頁面，告訴你如何用幾個簡單的動作，大幅提升你的電子郵件轉換率。

第十四章

打造超高轉換率的登陸頁面

當你準備好你的名單蒐集工具，你還需要一個登陸頁面。這個頁面簡單來說，就是讓人們輸入姓名與電子郵件地址，好加入名單的地方。你希望盡可能讓訪問這個登陸頁面的人，最終都會輸入他們的電子郵件，也就是提高轉換率。

一個出色的登陸頁面應該清楚傳達三個關鍵元素：

一、受眾正面臨的問題。人們看到自身問題被解決了才會有所回應，所以一定要明確提出問題。

二、你的名單蒐集工具將如何解決這個問題。如果你有能幫助他們邁向成功的問答指南，一定要清楚說明。

三、解決問題後帶來的好處。問題一旦解決後，他們的生活將變得更好或更輕鬆，務必讓人看見，體驗這些好處後，會有什麼樣的可能性隨之展開。

這三個元素應該透過以下四個部分來呈現：主標題、副標題、行動呼籲和圖片。其中，標題是最關鍵的部分，它直接點出你名單中的人想解決的問題；副標題提供更多背景說明；接著是呼籲行動按鈕，你希望人們點擊，才會開始填寫資料，它必須清楚且具有說服力。最後是圖片，增加視覺吸引力，也能輔助你的訊息。

無論你想用哪一款軟體來建置頁面，幾乎都可以找到很棒的教學，告訴你如何建立這類頁面。你選擇哪套軟體主要取決於你的預算、經驗和目標，不過至少，搜尋「如何建立登陸頁面」或參考我們的簡易指南，你就可以開始。

但本章最重要的重點是，即使你的登陸頁面其他地方都不行，只要標題對了，你仍有很大的機會成功。為什麼？如果你的標題無法讓人看出裡面有他們想要的價值，根本沒人會想點進來索取你的工具或內容。把標題寫好，名單蒐集起來就輕鬆許多。要做到這一點，只要遵循一條基本原則：具體！

你已經完成「訊息地圖」與相關研究，也清楚知道受眾正面對什麼問題。現在，是時候說得更具體一點了。以下是我為免費資源寫的兩個標題版本：

版本一：會員數成長的頂尖祕訣

版本二：如何消除會員網站中令人疲乏的過量內容

你看得出差異嗎？「頂尖祕訣」還不錯，但不夠具體，它無法清楚描述會解決什麼問題，留下許多想像，也無法引起任何回應。另一方面，「消除令人疲乏的過量內容」，非常具體描述會員網站可能會有的問題，它們的會員常被過多內容搞得不知所措，甚至連建立網站的人也一樣！這個標題比較有力，因為它定義出明確的問題，並承諾清晰的解決方案。

另一種寫出有吸引力且具體標題的方法，是直接點出顧客的痛點。

以下是另一組範例。

版本一：做好這三件事，提升留存率

版本二：會員都在退訂？試試這個方法

版本一並不算差，但版本二更有力，它直接點出痛處，能讓你更有參與感，因為它會激起你的情緒反應。建立網站的人不希望會員退訂，因為那種感覺很糟！如果你可以明確指出痛點，或是顧客真正的困擾，就能成功吸引注意力。

再看另一個例子：

版本一：這個 ChatGPT 提示語必須收藏

版本二：每個課程或會員網站都該使用的 ChatGPT 提示語

版本一太廣泛了，版本二則明確指出這些提示語是給誰用的，馬上就更加吸引目標對象。

以下是一些有關標題寫作的快速提示，可讓你的登陸頁面盡可能有效地提高轉換：

一、使用強烈的動詞，鼓勵讀者採取行動或參與你的內容，例如「發掘」、「學習」、「提升」、「精通」或「解鎖」。

二、簡短的標題比較有效，因為讀者更容易消化。目標是十二到十六個字，最多不超過二十五個字。

三、營造時效感，引導讀者立即行動。例如「限時優惠」、「現在就加入」、「最後機會」。

四、提出相關問題來激發讀者的好奇心，並鼓勵他們探索你的內容以尋找答案。

五、在標題中加入具體數字（例如「七個技巧」或「九種方法」），有助於讓你的內容看起來更有條理、更有吸引力。

六、解釋讀者將從你的內容中獲得什麼，聚焦於幫助讀者解決問題或滿足需求。

七、用引發情感或好奇心的文字來挑起讀者的情緒，例如「驚人」、「啟發人心」、「祕密」、「出乎意料」。

八、別害怕嘗試不同的標題，測試不同版本能幫助你決定哪一個標題最能吸引受眾。

九、避免標題和內容不相符的誘餌式標題，建立受眾的信任是非常重要的。

> 如果你在寫標題時仍然卡關，請造訪predictableprofitsbook.com下載多份免費資源與標題範本，丟進AI寫作工具裡，請AI根據你的目標市場稍做修改，就能獲得一堆可用的選項。

接下來談談登陸頁面的其他部分。不要讓讀者滑動頁面，才能看到標題、副標題、行動呼籲按鈕和圖片，這些元素應該都位於「摺頁之上」（above the fold）的區塊內，要能快速看到它們。注意這些元素的用詞，它會直接影響人們對這個頁面採取的行動，用詞比你選擇的圖像和顏色更重要。標題、副標題、行動呼籲按鈕的用語應該具有行動導向，並切中讀者的問題，以及你的免費內容將如何解決它。

最大錯誤是以為人們需要花俏又複雜的網頁，其實不然。有些成效最好的登陸頁面其實只有一個標題、副標題和行動呼籲按鈕。保持簡單，避免過度設計，當登陸頁面經過強化後，就能吸引更多訂閱者，進一步壯大會員名單。你可以在本書網站找到更多簡單但高轉換率的登陸頁面。

現在你已經打好了基礎，可以真正開始吸引受眾了。但如何為登陸頁面帶來流量呢？下一章，我將告訴你一個已被證明非常有效的簡單策略。

第十五章

借力使力：名單爆發性成長的祕密

想快速擴大受眾，最有效的方式就是：借用別人的受眾。沒錯，你可以善用他人已經建立起來的受眾，來壯大自己的會員或受眾。這正是電子郵件名單快速成長的祕密之一。實際上，你是搭著目標市場中既有受眾的順風車，提供大量有價值的內容，並引導他們前往你的名單蒐集工具。以下是操作方式。

首先，製作三個不同的清單：**熱名單、溫名單和冷名單**。熱名單是你已經建立關係的人，如果你還沒開始正式營業，這份清單可能很短，但沒關係，隨著時間演進、隨著你與更多人建立連結、結交新的朋友，名單一定會慢慢變長。很多在溫名單和冷名單上的人，未來都可能變成熱名單，甚至可能變成你的摯友！

溫名單是你曾經聯絡過，但不常聊天的人。你們也許曾在會議或活動中碰過面，或一起參加過某些課程與社團，你們知道彼此的名字，也有共同朋友，但平常不常聯絡。讀到這裡時，你是否想到某些人？寫下他們，開始建立你的溫名單吧。

接下來是冷名單，也就是那些不認識你的人。冷名單又分兩種：明顯與不明顯。明顯者是那些受眾龐大、只要待過你的領域就幾乎聽過的人，若你在數位創業領域，這些人可能包括艾咪・波特菲爾德（Amy Porterfield）、珍娜・庫契（Jenna Kutcher）、帕特・弗林（Pat Flynn）和路易斯・豪斯（Lewis Howes）。不明顯者則需要你進行一番調查，找出市場中的關鍵議題，看看有哪些人正在服務你的利基受眾。

列出一份與你的會員制度相關、大家正在搜尋的主題清單，我們要利用這份清單，找出其他服務相同受眾的人。在我的情況中，這些主題可能包括「會員經營」、「留存率」、「訂閱制」或「社群經營」。然後就像第二章教過的那樣，用這些詞語在各大平台搜尋，例如臉書社團、YouTube 頻道、podcast、Instagram、抖音等。

你很快就能找到幾十、甚至幾百位正在服務相同受眾的人，這些人之所以被歸類為不明顯，是因為你可能在研究時才首次接觸到他們，但他們其實早已經營得有聲有色，只是沒有知名KOL那麼高的曝光度。

特別注意搜尋這些關鍵字時出現的廣告。凡是在 Google 搜尋中名列前茅、或為這些關鍵字投放廣告的人，極可能已經擁有極大流量，也就是你理想的客戶。以前我擔任聯盟行銷經理時，就是用這招幫客戶找到數百位合作夥伴。

當你完成四種名單（熱、溫、冷—明顯、冷—不明顯），並累積了數百位潛在合作對象後，你可能會問：「好啦，但我要怎麼讓這些人願意跟我合作？」

首先，請相信自己。你會猶豫不前是很正常的，也難免擔心對方怎麼想，如果他們拒絕，你會有多沮喪。但我們不能因此卻步，我們主要的目標是以最好的方式服務他人，所以被拒絕也沒關係，這只是過程的一部分。有時候我們提出要求，而別人拒絕了，並不表示他們是因為「不想再跟你有任何關係」，而是時機不對。沒關係的，經營會員是一場長期比賽。

我們的主要目標是以最好的方式服務他人。

舉例來說，我曾邀請庫契參加我們的線上慈善募款活動，那是我們每年年終都會舉辦的活動。第一次聯繫她時，我們彼此認識，但沒有太多交集（所以她是我的溫名單）。那年，她因為另有要事，所以婉拒了。隔年，我們在演講活動後台碰面聊了一會，我再次邀請，她雖然無法現場參與，但提供一段預錄影片作為替代。又隔一年，我再度邀請她，你知道嗎？我們終於合作了！活動非常成功，我們也為慈善活動募得大筆善款，從那之後我們成為了好朋友。

但如果我在第一次被拒絕就放棄呢？記住，接觸已有粉絲或會員的人，最好的方式就是為他們的受眾做一些很棒的事。你是帶著服務的心來接觸對方。

第二，或許也最重要的是，放輕鬆、保持冷靜。如果別人拒絕你（一定會有人拒絕），別難過或失望。他們拒絕，並非因為不喜歡你，拒絕的原因幾乎都無關個人，所以不要放在心上，認為他們不喜歡你。拒絕的原因常常是行程衝突，或那段時間有更重要的事情。我數不清自己在職涯中被拒絕多少次，大概上百次了吧。但如果你保持冷靜，表現得像一個善良、正常的人，那就無關緊要了。在許多情況下，未來總會有其他機會，有時候甚至要嘗試兩次、三次，甚至十次，才會有成果！

多年前，我第一次舉辦研討會時，也是使用這個策略。活動前四個禮拜，我邀請的講者比已報名的參加者還多。如果你辦過研討會，就知道這種局面有多糟。我不知道你會怎麼做，但我恰恰在最絕望的時候會最有創意。所以我把那些已經站在我想服務的目標受眾面前的人，列成一份名單——就跟我現在告訴你的一樣。名單上有個人叫大衛·佛雷（David Frey），我們現在已經成了好朋友，他還成了我們慈善機構的董事。但當時，他完全不認識我，我打電話邀請他協助宣傳我的研討會。

「聽起來不錯，但這對我的事業來說，時機不太對。」他說。從他的語氣和用語中，我能聽出他沒興趣，即使我列出所有合作的好處，還有我會為他的受眾提供多好的服務，我甚至為他的受眾量身打造專屬登陸頁面和郵件，他仍然拒絕。

我超級失望，但我仍保持冷靜。「沒關係，」我說，「謝謝你撥時間聽我說。對了，祝你墨西哥的旅途愉快。」

「什麼？」他回答。

「我有訂閱你的電子報，最近一封信裡提到你要帶家人去墨西哥旅遊。祝你玩得開心！」

「哇，謝謝你。」他有點驚訝。我一開始就說過我有訂閱他的電子報，但光是這樣說沒什麼大不了，我要具體提到細節，他才知道我是真的有在看。掛掉電話五分鐘後，我收到他的電子郵件，內容是：「我很欣賞你為我的受眾量身打造內容，也很開心你是我們社群的一員。請把推廣研討會所需的資訊寄給我。」

當然，不是每次拒絕都會自動變成同意，但只要你保持冷靜，未來的合作就還有機會，還可能建立關係，或是長久的友誼。如果你太咄咄逼人或情緒化，反而會嚇跑對方。

此外，只要對方願意讓你接觸他們的受眾，請心懷感激。無論是podcast、臉書直播、TikTok，還是其他平台，只要有曝光在受眾前的機會，都是一種恩惠，這是個接觸數百（或數千！）個理想客戶的機會，這些客戶都是其他人花費時間和精力去尋找並建立信任的，你絕不能視為理所當然。

最後，這個策略一定要持之以恆，才會有效。這不是偶一為之的行為，而是行銷節奏中的固定一環，你應該要積極主動地發展和培養關係。

好了，記住上述那些之後，我們來談談「怎麼做」。我曾經營一家成功的聯盟行銷公司長達四年，其中很大一部分工作就是研究潛在合作夥伴，並與他們聯繫，看看他們是否接受任何合作或推廣。後來我有個顧問客戶，更進一步簡化了這個流程，他叫布萊恩·哈里斯（Bryan Harris），做得非常好。本質上，**這個聯繫流程分成四個步驟：建立連結，找出落差，解決問題，提出邀請**。我以艾咪的民宿為例，來說明這整個過程。

當時艾咪想要針對短期豪華民宿租賃建立受眾群體，我們發現了一個名為「短期大學」的臉書社團，裡面都是像艾咪這樣的人，想分享關於管理地產的技巧。艾咪就是在那裡看到大家詢問床單的問題，她寫了一段訊息，傳給社團管理員：

> 嗨，謝謝你創立了短期大學臉書社團，我加入社團已經一年多了，這裡真的超有幫助。事實上，我從群組裡某位成員那裡得到了一個非常實用的建議，他介紹了一款用於簽署免責聲明的軟體，立刻幫我省下了好幾個小時。

我想聯絡你，是因為我注意到床單和寢具的問題經常被提起，例如以下三則貼文：

「你們的租屋裡全是白床單或彩色床單嗎？第一次做短期租屋，所以我還在學習。有任何回饋都非常感謝。」

「大家的共識似乎是選擇白色床單與被套。但這是針對成人房，或是親子房也建議用白色床單和被套？我是在奧蘭多區的家庭民宿，每個房間都有主題。」

「最好的毛巾？最好的床單？還有什麼『最好』的建議嗎？謝謝！」

我會提這個，是因為我自己經營短期租房時，非常重視打造「魔法般的顧客體驗」，這有助於我收取比市場高出三倍的房價，而且還能持續獲得回頭客。而關鍵之一，就是使用高品質的毛巾、床單，和一些成本不高、但讓顧客感受大不相同的小細節。例如，以下是一位房客留下的評價。這位房客立即預訂了隔年的住宿，還介紹了三組朋友，每組都住了至少四晚。

「毛毯和床單非常充足。這家民宿給人一種不惜一切代價的感覺。對我來說，這次旅程就像是入住了溫馨個人版四季酒店湖畔別墅。」

如果你願意的話，我很樂意分享「五星好評＋高回訂率的十大小巧思」，我們可以在臉書社團裡辦一場直播，你能獲得的好處在於，你的受眾能聽到超有價值的內容，你不需要自己準備；你的受眾能獲得的好處在於，這能幫助他們找到高品質物品，獲得好評；而我的好處在於可以接觸到新的受眾。這是三贏局面。你覺得如何？有興趣嗎？

註：我也可以分享其他有關「打造魔法般的顧客體驗」的內容，如果你希望調整教學內容，請告訴我。

那麼，這段訊息到底做了什麼？讓我們來解析一下：

一、建立連結。一切從發送訊息開始，一封電子郵件、一則臉書訊息、Instagram私訊，你得先開啟對話。艾咪在訊息的開場白分享她已經加入社團一年，從中獲得極高的價值。更棒的是，她分享了她從社團中得到的具體收穫，透過表明她已經是社團的成員，立即與她接觸的人建立了連結。如果對方是你冷名單上的人，即使你不是他們社群的成員，也可以用其他方式建立連結。記得剛剛佛雷的例子嗎？你可以在podcast留言、在社群發文下互動，或引用他們最近的內容，證明你真的有關注對方，而且請具體一點。

二、找出落差。建立連結後，你要讓那些受眾知道他們面對某些知識落差。最理想的方式是，找到社群成員提問的實際例子，但不限於社群裡的留言，它可能是部落格文章中的問題、社群媒體上的評論、推特貼文中的想法、YouTube影片下方的問題等等。既然你們的受眾有交集

（而你也做過「訊息地圖」的研究），你或許已經很了解他們面對什麼問題。找出你最擅長解決的問題，並提出證據。

三、解決問題。接下來需要提出你要如何幫助這個人解決問題，同時協助他們的受眾，縮短他們之間的落差。艾咪證明她已解決了床單和寢具的問題，還進一步分享用低成本小巧思，打造出讓房客喜愛的「不惜成本感」，她的方法已達到每個民宿房東想要的結果：讓房客留下五星好評並重複預訂。然後她也提供幾種簡單的合作方式，讓對方容易點頭答應。

四、提出邀請。這一步驟不要太複雜，只要簡單的問句就好。不要吞吞吐吐，或加入什麼免責聲明，不要給他們太多資訊。艾咪說得很簡單：「你覺得如何？有興趣嗎？」就是這樣。你此時想得到的，就是一個「對，我有興趣」的回應，之後再處理細節。

五、補充附註：艾咪在訊息後加上附註，以了解他們是否希望她展示其他內容。這種附註可以提供彈性，讓人們知道你樂於聽到回饋，願意調整內容。

請記得，你是在幫對方解決問題。他們想服務他們的受眾。如果有一些問題不斷出現而沒有解決，你可以提供協助，讓他們能夠以零成本的方式為受眾解決問題。另外，這些創作者很有可能自己也要負責創作內容。也就是說，你替他們省下了時間，因為你已經創造出有價值的內容，讓他們無須再自行動手。這對受眾來說是一場勝利，對創作者來說也是。

當然會有很多人拒絕，很多人根本不會回應。但記住，這和你個人無關！每個人都很忙，都有千頭萬緒的事要做，但你只要獲得一個「是」，你就能立刻出現在一群新受眾面前。我保證，只要你持續用這套方法，一定會得到那個「是」，然後帶來下一個「是」，接著是下一個！而一旦你成功登場，就請使用你學過的五部分框架，帶來一堂精彩內容。

有許多創作者都很樂意讓你向他們的受眾分享內容，讓借力使力成為行銷節奏中的一部分，它會擴大你的受眾、你的名單、你的業務，並幫助你在此過程中建立絕佳的關係。對我們自己而言，創業很難，你可能會覺得生活中沒有其他人在做你所做的事情。但你不必獨自前行，找到你的社群，一起前進吧！

第十六章

推出會員制度的超級捷徑

如果我告訴你，是時候推出會員制度了，你會怎麼想？

「可是，我什麼都還沒有啊！我沒有內容，沒有網站或銷售頁！」你知道嗎？你不需要這些東西，就可以開始賺錢，並為會員制度打造動能。

現在開始討論我所說的「初始會員招募計畫」——這個策略不僅能讓你擺脫困境，更能迅速啟動會員制度。簡單來說，**就是你邀請他人現在就加入「還不存在」的會員制度，然後讓他們幫助你一起打造它。**事實上，如果沒有初始會員招募計畫，這本書及我和我最具代表性的課程都不會誕生。

多數人卡關通常是因為想太多、分析過度、或是想等待「完美時機」，結果遲遲無法邁出第一步。但是我要告訴你的這個流程實在太簡單了，你甚至可以在一小時內就推出會員制度。

別再被那些「我還沒有任何內容」、「我要等到受眾再多一些」、「時機不對」或「我還要再學一些東西再開始」的負面想法綁住，那些想法都跟小鬼一樣難纏。反之，請相信這是可能的，我們的社群已有上千人這麼做過！只要你持續前進，你也絕對能做到。請相信這個過程很簡單，正因為它簡單，所以特別；因為簡單，所以沒有藉口。它迫使你採取下一步行動——這就是開始的關鍵。

運作方式如下。

第一步：分享你的構想

第一步就是寫一篇部落格文章、臉書或社群媒體貼文，也可以製作一段YouTube影片、做一集podcast或Instagram短影音。但重點是：你要在目前與受眾互動的平台上發表這則貼文，如果受眾在LinkedIn，就在那裡發表；如果受眾在臉書，就在臉書貼文。只要你有一個兩百人以上的受眾社群，那裡就是你的起點。懂了嗎？如果你的受眾還沒有超過兩百人，那也沒關係，照著前幾章的內容操作，很快你就會有受眾可以招募了。

一旦你選好要發表的平台，你要說什麼呢？訊息的第一部分只要聚焦在構想本身，這是什麼樣的點子，是怎麼想到的？分享這個靈感出現的瞬間。或許你加入另一個會員制度，它激發了你的想法，讓你想為自己的受眾做相似的事。或是你看到一段影片，一位加拿大人非常熱情地講述會員制度，你覺得這會是服務和支持受眾很棒的方式。無論靈感源自哪裡，第一步就是解釋你的靈感、追溯它的根源，替接下來的大事鋪路。

最棒的是，在你分享這個訊息時，你不需要準備什麼銷售頁、網路研討會或活動這類很炫的東西。不管是透過電子郵件、臉書貼文或Instagram影片，目標是將好奇的種子植入受眾的心中。你可以說：「這讓我想到你們，如果有個地方能讓像我們一樣、正努力邁向某種成果的人聚在一起，彼此支持、共同進步，那會有多好！」別擔心是否讓人發覺你還在摸索，這正是初始會員招募計畫的魔力所在，重點不是完美，而是誠實。

事實上，分享「你還沒完全準備好」這件事，反而能幫你說明成為初始會員的一大好處：優惠價格（我們馬上會談到這一點）。

第二步：描繪願景

現在，要換個話題了。你不必呈現一件精美絕倫的傑作，只需要描繪一個願景，描繪出這個想法可能變成什麼樣子。你可以說：「現在它還只是個想法，但我想像它未來可能變成這樣……。」這一步就是要闡明你這個靈感的潛力，藉這個機會讓你的受眾看見你所看見的、感受到你所感受的，讓他們有機會參與其中。這裡的美妙之處在於你沒有承諾成品為何，而是邀請他們來參與塑造成品。

我的朋友尼可拉斯．威爾頓（Nicholas Wilton）參加我主辦的IMPACT菁英學習社群，他經營一個名為「藝術生活」（Art2Life）的會員計畫，教導人們如何提升藝術水準，並創造成功的職業生涯。但在這一切開始之前，他只是對來上課的學員分享了他的想法：「我一直在考慮創立一個社群，讓我們可以繼續這種體驗，不僅僅是十二週，而能維持一整年。我想像這個地方是……」就是這樣，他描繪了會員制度的願景。

想看威爾頓的完整案例，請前往 predictableprofitsbook.com。

當時威爾頓只對大約兩百人分享這個想法，結果超過一百八十人報名參加月費三十美元的會員。在會員模式尚未完全建立前，他就創造了超過五千四百美元的經常性收入！

第三步：發出邀請

基礎鋪好了，接下來就是重頭戲：發出邀請。你向受眾發出了熱烈的邀請，鼓勵他們成為初始成員。你可以說：「我不知道這個想法對你是否有吸引力，但如果有，我希望你能從一開始就加入這段旅程。」你提供一個機會，讓他們一起塑造會員制度的方向，和你一起成為這段旅程的開拓者。當然，他們還可以享受初始會員的價格優惠，即使你以後漲價了，他們永遠能以較低的金額續訂。只要他們一直是正式會員，就能永享優惠，這是非常大的誘因，因為累積的優惠會很可觀。

你可以這樣寫：「我邀請你成為初始會員。現在加入的一大好處是，你會以最低價格加入，未來即使價格調漲，只要你仍是正式會員，就仍會維持這個原始優惠價格。此外，我也希望你能提供回饋與意見，讓這裡成為一個大家都能朝向（期望成果）前進的最佳平台。提出你的想法和見解，你就能直接參與會員制度的規劃和成長。」

珍．沃爾德曼（Jen Waldman）不久前就做了這件事。她是百老匯演員培訓中心的創辦人兼負責人，她利用自己在表演、說故事和溝通上的經驗，幫助其他領導者和公司建立創意文化。在經營實體教室十九年後，她決定建立一個能幫助更多人、也讓自己的生活更有彈性的會員制度，所以她進行了初始會員招募計畫。

她沒有下廣告、沒有開設網路研討會，甚至沒發社群貼文，她只是一對一寄出客製化電子郵件。她寄出一百三十八封郵件，吸引到六十九個人，以每個月七十九美元成為初始會員！光靠寄出電子郵件，她就創造出五千四百五十一美元的經常性收入！幾個月後，她推出「真正」的會員制度，將會員價提升到九十九美元，歡迎更多新會員加入——這證明了，只要你發出真誠又誘人的邀請，你永遠不知道會發生什麼事。

第四步：明確的行動呼籲

接下來是轉折點：行動呼籲。這是簡單但關鍵的一步，引導你的受眾走進下一步。

你可以要求他們直接傳訊息給你、點擊連結或留言。我最喜歡請對方傳訊息給我，因為這樣不管是一個人、或一百個人回應，我脆弱的自尊都能保住。這一步的重點就是簡單明瞭。讓對方容易踏出下一步，就是為初始會員的旅程鋪路。此時你可能會覺得緊張，因為現在事情已經變得真實，你終於要提出請求了！這就是為什麼最不可怕的方式，就是要求有興趣的人直接傳訊息給你。

只要鼓起五秒鐘的勇氣，按下「發布」就好。記住，你可以做到的。

第五步：後續追蹤

最後一步是追蹤。當你收到熱情的私訊或留言時，是時候促成交易了。提供人們加入初始會員的連結，無論是結帳頁面或付款連結都可以，不要陷入一定要做得很複雜的陷阱，保持簡單就好。這一刻，你的願景就要轉化為現實了。你知道嗎?你剛建立了一個會員制度!

我有個很喜歡的學員索緒爾，多年前，她和先生努力克服不孕，這個努力成為父母的艱難歷程，使她深刻認識到不孕症是其他潛在健康問題的症狀。她非常希望能幫助其他像她一樣的女性，因此她成為了不孕症治療師，提供一對一的諮詢服務。

但在索緒爾生下兩個孩子後，她發現很難找出時間服務客戶，也發現自己總是反覆回答相同的問題。於是她決定創立一個會員制度，服務更多的人，也為自己創造時間自由。她當時沒什麼知名度，也沒有社群媒體的影響力，臉書社團只有三百二十六名成員，會員制度也沒有網站、名字，甚至沒有什麼計畫。但她有渴望和勇氣。所以她決定採用初始會員招募模式，以下是部分原始貼文：

可以跟你分享一件比較私人的事嗎？

我非常熱愛幫助生育照護從業人員（FCP）和其他自然家庭計畫（NFP）或生育覺察方法（FABM）講師，發展有利可圖的事業，這一直是我的熱情所在。我曾嘗試過幾個不同方式，但我現在知道，最好的方式是持續不斷地提供幫助。

所以我計畫開設一個會員網站，用來……

它不便宜。事實上，需要幾千美元。但這就是我幫助講師發展獲利業務的堅定承諾……

現在開放少量終身名額，每位只需兩百四十九美元。但重點來了，這項優惠只有二十四小時……

所以，如果你想加入會員，請於週一（明天）下午三點前傳訊息給我，我會告訴你付款方式。

祝好

如你所見，索緒爾的會員費用很高，可能比你的預計定價高上不少。然而，她在短短二十四小時內就結束初始會員招募，最終有十七人報名，收入四千兩百三十三美元。幾個月後，她與初始會員一起調整內容和流程，再次啟動會員招募，新增三十四人，總會員數達到五十六人。這改變了她的事業、自信與家庭。

當你準備執行初始會員招募時，可以考慮以下幾個祕訣：

一、擁抱情緒。你可能會感到害怕，沒關係，那很正常！幾乎每個人都會。鼓起勇氣，放手去做。

二、別想太多。保持簡單，這不過是一個測試。

三、寫進行事曆。寫下來，跟自己約定好，照計畫執行。

四、招募期間要短。優惠只維持幾天就好。

五、經常與受眾溝通。多發幾次貼文，提醒大家優惠快要到期了。

六、定價傾向低門檻、輕鬆入手。目標是讓人容易說「好」，雖然賺錢很重要，但那不是主要目標，要建立動能，幫顧客創造成果。你也需要保留測試結束後提高價格的空間，所以還不確定時，就把定價拉低一點。

七、處理顧客的預期。技術可能不夠完善，會出現一些小問題，但這是第一代產品，往後只會越來越好。誠實說明這一點。

八、處理自己的預期。路上會遇到挫折，但沒關係。保持謙卑，從中學習，繼續前進。

九、建立連結和合作。加倍努力為你的客戶服務，全心全意，將他們當成全世界最重要的人來對待，幫助他們取得驚人的成果，並歡迎他們的回饋。這對你來說是一個機會，盡可能從中學習，並在未來打造出最棒的會員制度。

最後，也是最重要的一點：我們真正追求的是為顧客創造出色的成果，這才是最大的勝利。我們想要的是成功故事。「我賣出第一單了！」「我演奏出第一首歌了！」「我試過無數方法，這是我第一次覺得自己有進步！」「我寫出第一章了！」「我得到無比清晰的方向了！」「我完成那場困難的對話了！」諸如此類。你希望以某種有意義的方式幫助顧客進步，這不只強化你的信心，也強化了他們的信心。這些故事是你會員制度力量的最佳見證。以下還有幾個初始會員招募的好處：

一、為你驗證想法，建立信心。

想像一下，在投入無數時間製作之前，就先驗證你的想法是否可行。透過初始成員的承諾，先確認市場真的有興趣，把努力集中在受眾真正想要的東西上。此外，你還能提前創造收入，邊做邊賺錢，這件事本身就令人興奮。

當你見證初始會員招募的動能，你的信心也會與日俱增，因為你知道你的想法會引起共鳴。這將推動你繼續前進，並為未來精彩的會員體驗奠定基礎。就算最壞的情況發生，完全沒人加入，那也沒關係，你還沒有花費很多時間打造產品，你也不必面對公開的否定。而且，你獲得非常寶貴的資訊：你原本想做的東西，可能不符合受眾的需求。這樣的教訓，是不是比白白浪費時間、精力與金錢好多了？

二、讓初始會員擁有早期優勢。

初始會員可以因為他們的承諾而獲得回報。他們站在一個備受矚目的起跑位置，占據了優勢地位，初始會員優惠價不只是個數字，而是一種象徵，象徵他們的遠見，也時刻提醒著，他們是從一開始就相信你願景的開拓者。他們得到的不僅是價格優勢，更有參與的影響力。在你調整會員體驗的過程中，他們透過提供回饋和洞見，影響整個計畫的走向。這樣的參與度能培養出一種歸屬感與夥伴情誼，即使在計畫推出後仍能延續，因為你們共同建立了這個會員制度。

三、幫助你克服猶豫。

當然，猶豫會悄悄浮現，怕不完美、怕沒人買單，或對於將自己攤在大眾面前感到不安。初始會員招募的設計，就是為了拆解這些心理障礙。它的美好，來自它的簡單。記得我們的理念：別把事情搞複雜，越簡單越好。這不是追求完美，而是追求進步。當你採取行動，擁抱不完美，就是在創造前進的動力與對自己的承諾。

初始會員招募是一個實驗，也是一段學習經驗。如果沒人加入，也不算失敗，而是珍貴的教訓。你可以了解訊息傳遞出現的問題，並據此改善。記住，你尋找的不只是有興趣的人，而是真正願意投入的人，這兩者截然不同。當有人點擊付款，願意交出真金白銀，那才是真正有價值的成果，你有了經過驗證的想法，一個驅使你貫徹到底的承諾，還有一群願意幫助你完成它的人。

這個方法之所以有效，並不是因為它有什麼魔法，而是因為它運用心理學的力量。它善用動能的力量，初始會員招募就是你的工具。它不只是一個制度的推出，更是在培養一個社群、建立彼此的連結，並一同展開一段共享的旅程。

所以，去吧，勇敢跨出那一步，擁抱不完美，讓初始會員招募推你一把。

在繼續前進時，下一個問題是，我要如何提供真正能為受眾帶來驚人成果的內容？更具體地說，你要如何在你的會員制度中做到這一點？準備好囉，我們要進入內容這個大主題了。

行動步驟

一、決定你的立場。列出你的價值觀，深入思考你的「為什麼」。

二、選定平台！就這麼簡單。

三、利用十乘三架構，建立至少一個月的內容。為你的市場想出十個問題，每個問題至少三個解決方案。

四、製作名單蒐集工具。你可以選擇任何形式，但我建議使用懶人包PDF或問答指南。

五、建立登陸頁面。記得，最重要的是標題。標題搞定，萬事俱備。

六、借力使力，聯繫已經打造平台的人，主動提供服務。

七、進行初始會員招募！我是認真的，現在就做。在你繼續前，我建議你發出訊息，讓人們立即做出承諾。你一定做得到！

CREATING TOGETHER IS BETTER

一起創造會更好！

第三篇

服務會員——四種不同的會員制模式

現在，你已經有一群對你的主題感興趣的受眾，也把你視為專業的首選，現在是時候為你的會員創造內容了。如果你已經完成初始會員招募，你應該已經有會員了！所以你得趕快開始準備要放進去的內容。在第三篇，我會教你如何規劃、架構與製作你的會員內容。你的目標始終是提供有價值的資訊，幫助會員實現改變——但這些內容也應該是你容易製作與維護的。我們也會探討如何設計出促進進步、並能帶來「卓越循環」的內容。

但首先，請記住：你可能不是唯一一個教這個主題的人。這個時候，我常會看到大家心裡的小惡魔又跑出來，開始懷疑自己，質疑自己教學的能力：「我憑什麼分享這些內容？」或者「為什麼有人會聽我說？我又沒什麼學歷或頭銜。」

你或許沒有頭銜或和這個主題相關的正式學歷，但你擁有最有價值的東西：你的受眾渴望複製或達成的成果。你知道他們想學的東西、做過他們想做的事，而且，既然你已經啟動了你的「卓越循環」，你也已經幫助過其他人，因此，閱讀這個部分時，請問問自己：「這要怎麼應用在我的市場或事業上？」這樣一來，就能開啟你的思維，精準找出打造絕佳會員體驗所需的一切，同時大幅減少投入的時間與精力。準備好了嗎？我們開始吧！

第十七章

四種會員獲利模式

你可以打造四種不同類型的會員模式——也就是你可以用四種不同的方式來服務你的受眾。在介紹這些模式的同時，我希望你一邊思考，這些模式在日常生活中是如何被應用的，並找出哪一種最適合你的事業。

首先是**知識型會員**，它教導人們某項技能，協助他們解決持續性的問題，或是讓生活變得更便利。很有可能你腦中早已具備某些令人驚豔的知識，足以讓人願意付費學習。你是否能教人精通一項能力？是否一再有人問你同樣的問題？你是社群裡某個主題的諮詢對象？也許你擁有專業知識，原本是以一對一服務的形式提供，現在可以轉為可重複模式。

這類型的會員主要透過影片、音訊與文字來傳遞內容，技術上相對簡單，因為一切都在線上進行，任何地方都能存取。我的會員就屬於這一類，一個為經營會員的人設計的會員制度（有點拗口，我知道），我多數學生也屬於這種類型，像是蘇珊．蓋瑞特（Susan Garrett）教人如何訓練狗；安德森協助人們創立幼兒園；庫賈拉則是教人彈吉他。知識型會員的價值不在於你提供了多少資訊，而在於會員能多快實踐你分享的內容、能多快在生活中看到進步。

若想閱讀蓋瑞特與庫賈拉的完整案例，請前往predictableprofitsbook.com。

我們很容易落入「內容越多，價值越高」的陷阱，但事實並非如此。事實上，資訊量過多，反而會使會員壓力過大，也會讓你自己筋疲力盡。因此，知識型會員制度的一大關鍵，就是全心關注會員的成長進展（先記住這一點，我們稍後再來討論）。

現在，我們來看一些簡單的範例。諾維拉・A・普倫佩（Novella A. Prempeh）是個好例子。她在英國經營一個知識型會員制度，教導父母如何自信地照顧孩子的髮質，尤其是極捲或不易生長的頭髮。事實上，我在照顧自己兒子的頭髮時，也從她那裡學到不少技巧。她教父母如何分辨孩子的髮質、什麼是最好的照顧方法，以及如何促成頭髮生長。

知識型會員制度的一大關鍵，就是全心關注會員的成長進展。

我的學員麗莎・K（前面曾提過）則是教人如何運用直覺，做出更好的決策。如果你從未靠直覺做決定，可能是因為你根本沒意識到自己正在這樣做。麗莎教導學生如何更敏銳地覺察引導他們的內在認知。發展這項能力需要時間——而這正是它適合知識型會員的原因。

最後一個例子，茱莉・索爾（Julie Soul）在疫情期間創業，推出稱為「靈光閃閃」（Soul Sparklettes）的會員制度，每月提供家長可以在家進行的藝術創作活動，讓家長不必絞盡腦汁娛樂無聊的孩子。

本書提到的其他許多例子，如藝術、人際關係、減重、學習Excel試算表，都屬於知識型會員，因為這類型是最容易且最快開始的。

雖然本書主要聚焦在知識型會員，但內容適用於所有模式。如果你想建立其他三類會員，請不要放棄這本書。請不斷問自己：我要如何將這些內容應用到我的會員制度上？另外，我也會提供額外資訊，分享各種會員類型都適用的小技巧與建議。永遠不要去想「這為什麼行不通」，而是要思考「怎麼樣才會可行」，以及「你如何運用相同的原則」。

接下來是**產品型會員**，每月提供會員一項產品。以「一元刮鬍俱樂部」（Dollar Shave Club）這個知名品牌為例，還記得以前必須到藥妝店買刮鬍刀嗎？我記得那時必須找店員，跟他們說：「能開這個櫃子嗎？我想買刮鬍刀。」實在讓人覺得麻煩（甚至有點尷尬）。但現在不用了，刮鬍刀會直接寄到我家。

像「狗狗驚喜盒」（BarkBox）、「美妝體驗盒」（Birchbox）等訂閱盒服務，都是這類模式。我的朋友莎拉．威廉斯（Sarah Williams）經營的訂閱盒會員制度，每月會寄出個人化T恤、繡有字母的包包、杯子，還有女性飾品。她每個月都會收到會員寄來的電子郵件，表達他們看到那個藍色盒子送到門口時有多興奮，就像收到為自己量身打造的禮物。

推出訂閱盒幾年後，她推出第二個會員制度，因為她收到太多人詢問怎麼做訂閱盒，所以她便專門指導其他訂閱盒經營者，這些人每月會向會員發送禮盒，對象從牙醫、手帳控、手作族到天竺鼠愛好者都有。她在自己的書《一次一盒》（*One Box At a Time*）中分享了這整個歷程。

想看威廉斯的完整案例，請前往 predictableprofitsbook.com。

第三種模式是**服務型會員**，會員每月支付固定費用，換取一定次數的服務，弗雷戴特的按摩工作室即屬此類。這種模式在實體門市很常見，或任何想收取固定費用的服務提供者。

拿我辦公室對面的洗車場為例，洗車一次要十美元，但他們的會員每月只要付十二美元，就可無限次洗車。一個月只要洗兩次就划算了！作為一個熱愛保養汽車的人，我對此非常感興趣。我很快就加入了會員，基本上每次到辦公室我都會將車送洗。上次我問員工目前有多少人加入，他說：四千五百人！

想像一下，這家洗車場老闆在月初就知道自己會有四千五百筆固定收入，比起期待顧客每個月在他們覺得車髒時才光顧，利潤豈不是更高得多、壓力更小得多嗎？任何提供一次性服務的人（如剪髮、按摩、洗車），都能運用這種模式，創造每月經常性收入。

第四種則是**社群型會員**，也就是付費加入一個有共同興趣的群體。這種模式讓志同道合的人能構成一個社群，包括團體和平台，主要好處是能夠與對某個主題有共同熱情的人建立聯繫。

幾年前，我買了人生第一台車，是台Mini Cooper，那台車很棒。我永遠忘不了買車後不久，車廠的銷售人員打來問：「你想參加車聚嗎？」我毫不猶豫就答應了。所有Mini Cooper車主聚在一起，停在一個巨大的戶外電影院看《偷天換日》（*The Italian Job*）。我忘不了莎莉．賽隆（Charlize Theron）開車紅色Mini Cooper衝進螢幕時，全場齊聲鳴笛、歡呼的感覺，那氣氛真的太棒了。

這場體驗如此神奇，是因為我們都明白一件事：Mini 的魔力。在場每個人都是Mini狂熱者，如果你不懂，那也沒關係，這個會員制度就不是為你設計的。你的會員制度不一定要教學或提供服務，它也可以只是把一群有共同興趣的人聚在一起。

在愛沙尼亞，塔內爾．雅比寧（Tanel Jappinen）創辦了一個社群型會員制度，讓父母能分享育兒的酸甜苦辣，以及如何做得更好。他不認為自己是育兒專家，只是希望自己能更有意識地養育孩子，也想與有同樣想法的人交流。

你對哪種模式的會員最有共鳴？是知識型、產品型、服務型還是社群型？你也可以混合幾種模式來做！很多知識型會員就會附帶社群元素。想學習的人，通常也想與其他學習者互動。現在就決定你想採用哪種模式吧！然後繼續前進。

第十八章
知識型會員的五種模式

由於知識型會員是最常見的類型，我們在本章將深入探討（但如果你正在考慮產品型、服務型或社群型會員，別跳過這一章！這裡仍有你可以學習的內容）。

知識型會員有五種不同的內容模式，現在就來決定哪種最適合你，每種都有其優缺點，這完全是個人選擇，沒有哪一種比較好或比較差。

我們分析這五種模式時，我希望你留意自己的反應。如果某種方式讓你產生共鳴，就把它記下來。讀完本章後，我希望你對自己的內容模式有些想法，一旦你釐清這一點，後續的內容建立會輕鬆許多。

第一種是**出版型模式**，你可以將它想成一種線上雜誌。每個月，你都為會員製作新的內容，但記住，不要盲目產出大量內容，每個月要限制四項主要內容，也就是每週一項。人們沒有太多時間一直吸收，我們也需要留點空間，讓他們實踐學到的東西。因此，每週一項是維持平衡的良好節奏。每項內容的長度不宜超過六十到九十分鐘，否則你會失去人們的注意力，他們會感到負擔太大。不過，要注意的是，內容長度不一定要達到六十至九十分鐘，也可以更短。重點在於提供恰到好處的內容，讓你的受眾有能力付諸行動。

我的學員米姆．詹金森（Mim Jenkinson）就是這個模式的好例子。她的會員制度叫做「祕密貼紙社」，教導學生如何製作貼紙。回想我們先前談過的「訊息地圖」，詹金森不只幫助人們學習製作貼紙，也啟發人們的創意、幫助他們找到喜悅，甚至幫助他們為家庭創造收入。每週她都會發布新的教學、範本、訓練與範例給社群成員。

第二個**是UPS型模式**，這就像每月送出一份內容包裹。這個模式的最佳範例是保羅．伊凡斯（Paul Evans）經營的會員制度「青少年牧師」（TeenLife Ministries，他後來已將其出售）。他提供預先製作好的布道文章，讓年輕牧師可以與自己想傳達的訊息結合。這幫助他們節省大量時間與精力，尤其許多青少年牧師還有其他工作，所以他們總是時間緊迫！

要注意的是，伊凡斯並未教導任何東西，他沒有幫助他們進步，也沒有提供演講技巧，只是提供他們一些布道內容，讓他們可以自行調整，並轉化成自己的風格。這些與他一樣疲於奔命的牧師，因為他而大幅減輕負擔，可以有更多時間陪伴家人、關心學員的需求，這就是他的會員制度提供的價值：減輕壓力、節省時間，避免每週六晚上還在熬夜，努力在最後一刻前完成他們的布道文。

第三種是**教練型模式**，這種模式偏向親身參與，可能包括團體輔導、菁英學習社群或問責機制。重點在輔導會員完成整個過程，幫助他們取得進步。好友波特菲爾德的「動能會員」（Momentum Membership）就是絕佳範例，這是專為她的數位課程學院校友所設計，如果你上過她的課程，想在開設課程、上線或推廣方面獲得更多支持，加入會員可以得到她與團隊更深入的指導。

我也為我「會員體驗」課程的校友提供類似的內容模式。不過，如果你想使用教練型模式，不一定要作為課程的補充。雪倫．波普（Sharon Pope）是一位關係教練，她的會員制度是輔導正在考慮離婚的女性。這個決定非常艱難，很多女性會感到不知所措，波普指導她們如何做出決定，要修復婚姻還是果斷離開。

第四種是**點滴型模式**，或稱模組型模式，這是指在固定時間內，分段釋出內容。尤里．埃爾坎（Yuri Elkaim）是一位整體營養師，他的會員制度是幫助其他健康創業者開展事業，打造了一套長達三年的課程。只要加入，就會每天收到一份內容，持續三年，每天都以小單元呈現。

這類點滴型內容很像一門課程，會員不會一次拿到所有內容，要持續訂閱才能取得剩下的資料。不過埃爾坎的會員制度一開始沒有這麼多內容，他只是從幾個月分的課程起步，然後慢慢擴展。

最後一種是**混合型模式**，顧名思義就是混合了上述幾種，它可能結合所有模式的不同元素，也可能結合多種模式，例如出版模式加入教練元素。史考特．帕里（Scott Paley）和喬安．蓋瑞（Joan Garry）的「非營利組織領導者實驗室」（Nonprofit Leadership Lab）就將這種模式發揮得很好。他們每週發表新資訊，並提供省時的資源和範本，蓋瑞也會舉辦類似顧問與教練課程的研討會，這些服務如果要一對一進行，對非營利組織來說，費用會過於高昂，且遠遠超出他們的預算。這還有個好處，他們還擁有讓非營利組織領導者互相支持的社群。

會員制度中包含社群元素是很常見的，但即使社群不是主要服務，會員也希望能彼此互動。蘇珊．布拉德利（Susan Bradley）的會員制度也是混合型。她服務電商業者，每個月提供內容，但也聘請不同領域的專家教練來協助會員。在整個月中，這些教練都能回覆問題和提供回饋，如果有人想要額外的一對一協助，可以在會員制度中加購課程。布拉德利的會員制度也有社群元素，會員可彼此交流，分享不同的想法。

現在，我想請你選一種最能幫助會員、最適合你的模式。它會是出版型、UPS型、教練型、點滴型還是混合型？如果承諾每週產出新內容讓你感到害怕，那就不要這樣做！如果你不喜歡教練類型，那也不必這麼做。你當然希望為會員提供良好的服務，但永遠不要忘記，這個過程也應該是有趣的，有助於創造你想要的生活。如果你還不確定想做哪種內容也沒關係，只要你開始行動，一切就會慢慢清晰。所以，做個決定，然後一步一步前進吧。

第十九章

會員為什麼會退訂？如何防止？

我最常聽到有關啟動會員制度的反對聲音就是：如果有人退訂怎麼辦？現在，我就要告訴你，人們退訂的頭號原因是什麼，這樣你一開始就可以避開；而且這個原因並不是你以為的那樣，但無論你在哪個產業、或選擇哪種模式，都會遇到這個原因。

人們退訂的第一大原因是——資訊過載。簡單說，就是內容太多。

沒錯，就是這樣，你應該提供的內容，比你想像的要少得多。當會員無法跟上你提供的內容量時，就會出現不堪重荷的情況，這會在他們心裡種下懷疑的種子，開始質疑自己是否能達到他們想追求的成果。我們想獲得成果，而不是懷疑自我！懷疑的種子一旦種下，退訂就只是早晚的事。如果你的會員每個月花錢購買永遠不會使用的產品或服務，看著它們逐漸堆積如山，最終就會退訂。少即是多。這種情況就算在產品型或服務型會員中也會出現。

那麼，該怎麼解決？很簡單，但有些違反直覺。**會員的價值並非來自你提供的內容量，而**

是人們能實踐這些資訊的速度。

再強調一次，重點不是內容量，而是實踐速度。你可以現在就想想自己，你正在讀這本書，因為你想打造一個有利可圖的會員制度，如果達到同樣成果，你可以選擇讀十小時或三小時，你會選哪一個？

因此，重點不在內容量，而是人們能多快看到成果。

這對我們來說是好消息！這代表我們不必創造大量內容。我知道有些人很喜歡創作內容，或許你也是。但我們通常會認為，提供的越多，創造的價值就越大，但就會員制度來說並非如此。反之，要專注於創造**最快推動會員進步的內容**。如果原本十步才能達到效果的事，你只要三步就能完成，那就選三步。再說一次，你提供的價值，不是來自於「給多少」，而是「對方多快能取得成果」。

我第一次發現小單位內容的威力，是在讀《重新工作》這本書的時候。多數商業書籍的章節都是二十到三十頁，所以我常遇到的困難是，每次想嘗試在睡前閱讀，但還沒讀完一章就睡著了（哎呀！），最後只能一遍又一遍地閱讀同一章。顯然，如果你想透過這種書得到任何有意義的進展，是行不通的。

你提供的價值，不是來自於「給多少」，而是「對方多快能取得成果」。

但《重新工作》的閱讀體驗完全不同，那本書的章節都非常短，有時候只有一、兩頁，所以我不會再因讀不完一章而感到挫敗，我真的進步了。不知不覺間，一章變兩章，兩章變五章，因為我自己也產生了動能，就會不斷讀下去。等我回過神時，已經讀完十幾章了。想想這種感覺所產生的差異，以前是挫敗，現在則充滿熱情，想跟每個人介紹那本書。十幾年過去了，我還在談那本書。

這不就是我們希望會員得到的嗎？我們提供的「體驗」——成就感和動力非常重要。如果我們的內容讓人昏昏欲睡，就無法為任何人提供服務。

來看看一些例子。記得經營青少年牧師會員網站的伊凡斯嗎？他曾將所有東西都塞進會員制度裡：課程、社群元素、簡報、範本等等。他的生意還不錯，但難以成長，甚至一度考慮關站。但他決定先調查會員意見，問他們：「如果我們要移除會員方案裡的所有內容，你最希望留下的是什麼？」

結果，絕大多數的回答都是簡報。對青少年牧師來說，將自己的布道文做成簡報太耗時費力，所以簡報是他們最需要的。因此伊凡斯刪除其他內容，只專注提供會員最重視的那項內容，工作量瞬間少了四分之三。結果不僅提升了會員體驗，也大大減輕了他的工作負擔。

蘇西．達夫尼斯（Suzi Dafnis）在澳洲經營一個名為「女力事業」（HerBusiness）的會員制度，為尋求事業成長和擴大規模的女性創業者，提供支持和合作的網絡。她在調查會員需求後發現，她們其實不想要更多資訊。她們要求的是更多問責機制。所以達夫尼斯沒有創造大量新內容，而是重新設計會員體驗，建立一套配對機制，讓會員彼此督促、互相問責，來實現這個目標。

人們真正想要從你那裡得到的東西，也就是他們最重視和認為最有用的東西，可能不是你想像的那樣。在會員制度建立初期，你或許不清楚那到底是什麼，沒關係，先做初始會員招募，決定你的內容模式，然後開始打造內容。有了幾個客戶後，去問他們最喜歡什麼，如此會讓你聚焦在真正有影響力的事物上，而不是不斷創作他們根本不想要的內容！

跟我再說一次：經營成功會員網站的關鍵，不在提供大量內容，而是幫助會員盡快實踐所學。「快速見效」才是獲勝關鍵！在我們繼續深入探討會員制度裡的內容時，請牢記這一點。

MODULE V
TO DO
BLOG
TO DO
MODULE VI
MODULE VIII
BLOG
TO DO
BLOG

第二十章 成功之路：為你和會員打造的藍圖

有一個祕密小工具（講出來就不是祕密了），可以幫助你在市場中脫穎而出，並帶來源源不絕的成功。它就叫做「成功之路」（Success Path™），而且名符其實。

我們來拆解一下這個概念。「成功之路」是從你會員現在所處的位置開始，直到他們想達到的目標為止。這有點類似「訊息地圖」，但這次不只是兩階段（他們的「現在」和「未來」），而是清楚地傳達整個旅程。想像一個起點和最終成果，例如一個從未拿過吉他的人，最後能站上大型舞台演奏，成為下一個吉他之神；或是從未拿過畫筆的人，成為下一位畢卡索；又或是一段破裂的婚姻，轉變成幸福快樂的關係。在這些例子中，沒有人是一步登天、直達終點的，對吧？這是一個漸進的過程。

可以把「成功之路」想像成一本戰術手冊，有了它，你就能引導會員了解旅程每個階段需要掌握的具體事項。一步接著一步、一階段接著一階段，帶領他們邁向最終想要的成果。

但這一切的祕密是：每個進步的時刻，都等於一個成功的時刻。只要會員經歷到某種成功，他們就永遠不會離開。

每個進步的時刻，都等於一個成功的時刻。

我從事這項工作這麼多年，從未聽過有人因為取得太多成功而退訂會員。「成功之路」的目的，就是讓會員在整個旅程中不斷體驗成功。簡而言之，「成功之路」就是一切！它會影響：

一、你的內容設計

二、你的行銷策略

三、你的會員留存率

這就是它的威力。布蘭達・斯特（Brenda Ster）經營一家社群行銷培訓公司多年，並且剛成立了一個靠口碑成長的會員制度，第一年就吸引超過三千名會員，但隔年卻流失了將近一半。

為了改善會員留存率（也希望吸引新會員），她加強了內容創作。她每週在社團裡直播好幾次，打造更多可供列印的資料、工作簿、範本、影片和培訓內容。她心想，這樣總算更有價值了吧！但事實上，她只是讓人感覺壓力更大。你現在知道了，這不是好事。

透過我的課程，她徹底改造了自己的會員制度。她做的第一件事就是建立「成功之路」，讓會員知道他們要往哪裡去。她也刪減了內容，只留下能直接幫助會員跨過「成功之路」各個里程碑的部分。幾個月後，她重新推出會員制度，新增了四百八十四名會員，創造六位數的營收。

這就是「成功之路」的力量。它就像個磁鐵，能吸引潛在會員，因為它把原本令人極有壓力且複雜的旅程，分解成當下最重要的幾件事，強調他們不必現在就全部學會。光是這一點，就能大大降低壓力。

我欣賞斯特的一點是，她願意改變，儘管這代表她需要重新整理多年來累積的內容，去配合當時對她而言全新的概念。但「成功之路」對她的會員制度產生了很大的影響，甚至讓她在我的「會員體驗」年會上擔任講者，分享她的成功方式，以及對她事業帶來的變化。

想看斯特的完整演講，請造訪 predictableprofitsbook.com。

在接下來幾章中，我們將逐步、細緻地拆解如何為你的會員打造「成功之路」。事實上，此刻的你，可能也正走在你自己的成功之路上！

第二十一章

打造每個成功的階段與特徵

現在我們要討論具體細節了。讓我們捲起袖子，動手打造專屬於自己的「成功之路」，開始規劃過程中的每個階段和特徵。

好消息是，你不是從零開始。你已經完成第五章的「訊息地圖」，這項寶貴的工作即將獲得回報。你已經列出兩個關鍵點：當下和期望的未來。你已經調查並發現受眾目前的情況，以及他們渴望達成的目標，現在我們只須明確找到兩點之間的旅程，就能確定「成功之路」的本質。

讓我再強調一次這兩個錨點的重要性：

一、從現在開始

二、描述出清晰的未來圖像

想想你的受眾在這兩種狀況下在想什麼、感覺什麼、做什麼。在你打造「訊息地圖」時，基本上已經勾勒出這兩個基石。我們現在的目標，是把會員從起點走到終點的整個過程，具體拆解為幾個階段：

一、決定開始階段和終點階段。我們剛剛討論過這個問題，但我還是要再強調一次，清楚設定這兩個基石真的很重要。你需要清楚這一點，你的受眾才知道他們將從你的會員制度獲得什麼，以及每個階段會有什麼成果。

二、繪製時間表，決定兩點之間要有幾個階段。想想當一個人從現在的位置，走向他們想要去的地方時，這段旅程中會發生哪些重大時刻。既然你可能已經走過這條路，或者曾教導他人走過，我想鼓勵你試著回想，那些讓人最有成就感、最感動或最鬆一口氣的時刻。如果與某人坐在一起，要判斷他們目前處於哪個階段，你會問他們哪些問題？他們的主要轉折點和轉變是什麼？

階段不要少於三個，也不要多於七個。少於三個，就不算真的旅程；超過七個，感覺又令人壓力過大。最理想的甜蜜點是**五個階段**，還有一點要注意：早期階段的設計應該要讓人能快速前進。

可以把它想像成武術裡的段位制度，初段很快就能過關，就像我們設計的初始階段。這些階段旨在激發動力，推動人們快速取得勝利。隨著他們的進步，旅程變得更加精細，等他們進展到黑帶階段後，挑戰會更艱難，時間也會拉長。但到了那個階段，會員會更加投入，所以他們更有可能堅持下去。快速進步和穩定發展之間的平衡非常重要。

三、幫每個階段命名。發揮創意，取一些能展現進步和轉變的強大名稱。如果你將第一階段命名為「失敗者之城」，誰會想參加呢？命名時，可以思考在不同階段的人會想什麼、感覺什麼、做什麼，但如果沒有馬上想到好的名字，也不要緊張。你可以使用「第一階段」、「第二階段」這種安全牌。

四、描述各階段的核心要素。這些詳細的描述，就是你「成功之路」的生命力，它們像會員的指南針一樣，引導他們找到這條路上的正確位置，我們希望會員能深深認同這些描述。想像有人讀到這些描述，會覺得：「對！這根本就在說我！」請記住，在做「訊息地圖」時，你已經為起點和終點階段做過這些事，現在只是需要一些練習。

到了這個階段，會員應該已經完成哪些事？這些成就會帶來什麼想法、感受或障礙？就像對你來說，現在正處於本書的「打造絕佳會員體驗」階段，你可能會感到自信，因為你已經在打造會員制度中取得重大進展，但一切也開始變得真實起來，此時你必須開始為他們提供成果，這會帶來某種程度的焦慮。也許一開始你只是靠腎上腺素在衝刺，現在隨著事情變得真實，就該拿出真本事了。如果你招募了初始會員，你現在就是名符其實的創業者了！你就要迎來一個新的身分，而這可能會讓你陷入冒牌者症候群。

我提供了各種「成功之路」的範例，包括每個階段的特徵、里程碑與行動項目（接下來我們就會講到這些內容），你可以到predictableprofitsbook.com查看。

第二十二章
設計成功之路的里程碑

現在你已經規劃好階段與每個階段的特徵，接下來我們要深入探討里程碑，也就是會員在走過「成功之路」每個階段時要跨過的基石，它們是進步的重要指標，你可以把它們視為有形的成就標記，就像某人必須展現不同程度的技能一樣。

讓我為你描繪一幅畫面。想像你在武館裡，繫著潔白的初學者白帶，你的目光落在牆上那條還沒得到的鮮豔黃帶上，那是你渴望達到的下個等級。現在，光是上課無法讓你提升到令人垂涎的黃帶，只是練習拳打腳踢也不夠，你必須展現一定的理解力或能力。在你達到那一步前，你要不斷練習。在某些情況下，可能需要花費數年時間，才能得到空手道的下一條腰帶。進步不會憑空出現，而要靠理解與應用。你的會員網站也是如此。

我在會員制度中常看到一個陷阱：會員在沒有真正理解內容、也沒有積極實踐的情況下，繼續往下進行。他們一直學、一直學，卻始終無法獲得具體的成果。這種期望和現實的落差會讓他們感到挫折，甚至導致退訂。設定里程碑可以確認理解、掌握程度和成長狀況，可以讓進步變得可衡量，並創造出責任感。

優秀里程碑的第一個特徵是，會員可以明確地以「是」或「否」來確認是否達成。也就是說，他們不是完成了、就是沒有完成，沒有灰色地帶。這種明確性會消除模糊地帶，促使會員正視他們的成就和不足。

舉例來說，回顧第十四章，我可能會問你是否已經建立了登陸頁面，這就是我們成功之路「吸引會員」階段的里程碑，而答案也只會是肯定的「是」或「否」。你選定平台了嗎？你決定好提供哪一種會員模式了嗎？這會在每個階段中，建立起責任感與清晰的行動路線圖。如果你對這些問題的答案是「否」，你也確切地知道自己需要做什麼才能進步，對吧？而在你可以回答「是」之前，也不應該進入下一個階段。而且，如果你回答「是」，我可以說：「太好了，我可以看看嗎？」這種非黑即白的里程碑，天生就具備了問責機制。

設定里程碑可以確認理解、掌握程度和成長狀況。

在你的會員世界裡，里程碑可以幫助會員判斷自己在旅程中的位置。想像你正在引導他們成立網站，其中一個里程碑可能是取得網址。同樣地，撰寫一份一年的商業計畫、制定一個還債計畫，或是熟練地彈奏一段吉他旋律，這些都是明確可衡量的目標——你可能完成了，或是還沒完成，這能判斷你可否進入下一階段。

不要設計模糊的里程碑。含糊的目標會產生不同解讀，這不是我們想要的。我們想要清晰的目標，這樣會員才能清楚知道自己什麼時候真正達標。舉例來說，如果我問你是否健康，你可能回答：「當然是！」但那到底是什麼意思？如果我請你在一到十分間打個分數，你或許會給我一個數字，但那也只是你的主觀判斷。但如果我問你能不能做幾下伏地挺身，答案就沒有灰色地帶了，只有做得到和做不到兩種回答。這不會模稜兩可，也沒辦法捏造答案。

一條精心設計、包含明確里程碑的「成功之路」，能帶來巨大轉變。它提供了一種共同語言來追蹤進度，讓會員更加專注。它是一把量尺，讓我們能知道人們在某個階段中處於什麼位置，以及他們在整體旅程中的前進方向。早期階段應包含較簡單的里程碑，快速創造成果，激發動力和熱情。而在後期階段，則可以設計更具挑戰性的里程碑，善用會員日益成長的投入程度和專業能力。

想想里程碑在這本書中扮演的角色！就像你已經達成不同的里程碑（例如製作「訊息地圖」，或是打造名單蒐集工具），並且經歷了不同的階段（「從零開始」和「吸引會員」），你的會員也會經歷類似的旅程。這種里程碑與階段之間的連結，打造出一種沉浸式的學習體驗，讓會員對自己的進展感到驕傲，最終實現他們的目標。

現在，是時候寫下你的里程碑了。請記住以下幾件事：

一、把里程碑寫成「是或否」的問句，「是」代表某項里程碑已經完成。
二、每個里程碑都應該是一個衡量單位，以保持會員的責任感。
三、里程碑告訴會員必須做哪些事，才能前進到下一階段。
四、里程碑必須非常清楚，不然會員就不知道該做什麼，也不知道自己是否已經完成。

在接下來的章節中，你會看到這些里程碑在內容發展中扮演的重要角色。它們會明確告訴你，會員必須做什麼才能有進展，還有你必須教會員什麼，才能幫助他們做到這些事。就像你已經親身體驗過完成某些里程碑（像是初始會員招募）的成就感一樣，你的會員也將擁有相同的經歷。

第二十三章

拆解行動項目

現在我們來到「成功之路」的最後一個元素！現在你已經設計好每個階段和對應的里程碑，我們要再進一步將它分解成行動項目。行動項目就是人們為了達成里程碑，必須完成的每個小步驟。因此各元素間的進展順序如下：

行動項目→里程碑→階段→成功之路

如果我們回顧第六章，「成功之路」的其中一個里程碑是：完成你的定位宣言，你可以用簡單的「是」或「否」來回答。但我不會期望你在未完成我提供的行動項目前就說「是」，這些項目包含核心價值練習、「訊息地圖」練習和定位宣言練習。優秀行動項目的關鍵在於，幫助人們更接近下一個里程碑，讓人們清楚知道自己為了達成那些里程碑，需要做些什麼事。每個里程

碑都要確保有一系列相關的行動項目，可以是練習，或是需要填寫的範本，但它必須是可以完成的具體任務，並能協助他們邁向那個里程碑。

有時候，某些里程碑很大，像是在第二階段「吸引會員」中的「初始會員招募」。這不是可以一次完成的任務，它需要好幾個步驟逐步推進，才能達到里程碑。這正是我們現在要釐清的重點。

在第十六章中，我列出那個里程碑的行動項目。你還記得是什麼嗎？（更重要的是，你做了沒？）我們再複習一次：

一、分享你的構想
二、描繪願景
三、發出邀請
四、明確的行動呼籲
五、後續追蹤

本章的行動項目是，寫出你為會員「成功之路」所設計的所有行動項目。請記住，「成功之路」是一份鮮活、會呼吸的文件，你在和受眾與會員互動時，會不斷更新和調整。你會知道他們在哪些地方卡關，該如何才能更有效地支持他們的旅程。把這當作你第一份草稿，和你的初始會員或可信賴的朋友分享，聽聽他們的回饋，尤其是確認以下幾點：

一、你清楚知道受眾目前的情況，以及旅程結束後會達成什麼。

二、每個階段都應該有個激勵人心的名稱，以及一段描述，清楚傳達該階段人們的思考、感受和行動。

三、每個階段都要有明確的里程碑，作為進步的指標。

四、每個里程碑都有一個以上的行動項目，幫助人們具體達成該目標。

你的「成功之路」是你內容策略的基礎，也就是說，你在會員制度中打造的內容，應該圍繞「成功之路」來設計。但你到底要提供什麼內容？下一章，我們就要來聊聊會員網站中三種不同類型的內容，以及它們各自要達成的目的。準備好了嗎？下一章見。

THE VALUE OF A MEMBERSHIP
DOESN'T COME FROM THE VOLUME
OF CONTENT YOU PROVIDE
IT COMES FROM THE SPEED
AT WHICH PEOPLE CAN IMPLEMENT
THE INFORMATION YOU PROVIDE

會員制度的價值不在內容量
而是人們能多快實踐這些資訊

第二十四章

你必須提供的三種內容

我們剛剛介紹的「成功之路」，是引導會員達成目標的藍圖。現在我們要切換焦點，進入實際內容的細節。房間裡的「內容大象」是：你到底要在會員制度中放什麼內容？你必須為會員提供可以吸收的內容，而這些內容大多應該根據你「成功之路」的架構來設計。

我們必須在正確的時間、提供正確的資訊，才能幫助他們邁向理想的成果。如果缺乏結構，把所有資訊一次砸向他們，只會造成鴻溝、遲疑和揮之不去的疑問，這些都會阻礙他們的進步，也會導致退訂，這是我們最想避免的事。每個會員制度都應該包括三種不同類型的內容，每種內容各有不同目的，且對於打造出色的會員體驗都至關重要。

一、導入內容

第一種內容稱為「導入內容」（Onboarding Content），這是會員一加入時會看到的內容，也是一段溫暖的歡迎，為整體體驗定下基調，這些最初的時刻至關重要，因為它們會塑造會員體驗。這就是為什麼我們需要好好規劃這段內容，確認你希望傳達的訊息。這裡還不會深入探討「成功之路」的細節，不過你還是可以提及顧客將會經歷的整體轉變。這種內容不會包含他們即將學習的「核心知識」，只是先打下基礎。

創造正面的導入體驗，對留住會員來說絕對是關鍵，它引導會員走過初始的幾個步驟，讓他們感到有信心，並確信自己將要去哪裡、要做什麼，消除可能出現的疑問。

幾年前，我和一位朋友聊天，她才剛加入某個會員，就覺得想退出了。我很吃驚地問她為什麼。她解釋，她第一次登入會員時，感覺不知所措，不知道要做什麼、該去哪裡。這份不確定感在她心中種下懷疑的種子，如果她一開始就不知道該怎麼辦，那她真的能達到成果嗎？

這正是你最不希望會員加入時發生的情況。不幸的是，多數會員網站都忘了提供清楚的引導，只是把新會員丟進龐大的資料庫裡，希望他們能自己找到幾個有用的資訊。

這會讓人感覺困惑，把找出價值的壓力放到會員身上。但是，我希望你引導他們了解，如何從會員制度中獲得最大價值。

這也帶出了導入內容的下一個元素——帶領會員熟悉你的會員制度，及其提供的所有價值。你的目標是幫助他們瀏覽各區，讓他們更容易找到自己需要的內容。

以下是一些可以納入導入內容的具體項目：

- **歡迎影片：**雖然看起來理所當然，但製作一段每個成員都能看到的歡迎影片至關重要。這段影片應該描繪他們即將踏上的旅程，並提醒他們最初加入的好處和原因，這也讓你有機會設定基調，並傳遞會員文化。將歡迎影片設為導入過程的必要項目，可以確保每個成員都在相同的基礎上，同時記得這個會員制度的目的。
- **「從這裡開始」區塊：**這個區塊是一個明確且實用的起點，避免新會員感到不知所措，或不確定從哪裡開始。無論是填寫問卷，或觀看核心內容，「從這裡開始」區塊都能消除猜想，提供明確的下一步指引。
- **會員資料：**鼓勵會員更新他們的個人資料，包含照片和自我介紹，這能促進會員之間的連結和社群感。真實的人際互動遠比預設大頭照來得吸引人。強調建立個人資料的重要性，可以鼓勵會員彼此互動，建立有意義的連結。
- **簡單的會員導覽：**這有助於會員熟悉網站中的不同區塊和其目的。透過引導會員瀏覽各個區塊，說明在哪裡可以找到特定資源或支持，能讓會員感到自在，得以輕鬆地操作整個平台。這不僅提升了他們的整體體驗，也減少額外的客服需求。

●**導入問卷：**知道會員目前的狀況，好為他們量身打造體驗。這是一個較進階的策略，可以透過Membership.io網站實現（讓我小小置入一下廣告）。

引導內容在協助會員起步時，扮演著至關重要的角色。你可以確保會員感到自信、受到支持，並準備好深入探索你提供的寶貴內容。請記住，我們的目標是消除任何不確定感與壓力，為會員提供順暢的初始體驗。

二、核心內容

第二種內容稱為「核心內容」，用來概述「成功之路」各個階段。它要在會員一加入時就能看到，而且通常不會變動，你可以在需要時更新，但通常製作後就不太會再更改。呈現方式有很多，但最簡單也最常見的做法是：每個階段設計一堂課。具體的「操作方法」和「行動項目」則放在每月的內容中，你也可以視需要加上一堂「介紹課程」和「總結課程」。以本書為例，五個篇章就像五個階段，而每一篇開頭的說明段落即是核心內容。

為了說明這個概念，我們來做張簡單的圖。假設你有一個五階段的「成功之路」，你的核心內容可能會像這樣：

- **第一課：導言**。概述你的「成功之路」，及會員制度的目的。告訴會員如何利用接下來的課程，來判斷自己目前處於旅程的哪個階段。你的會員很可能各有不同的專業程度，因此讓大家說同一種語言、朝同一個方向前進是非常重要的。
- **第二課：第一階段**。描述人在這個階段的思考、感受與行為。他們在這個時期應該專注於什麼？
- **第三課：第二階段**。描述人在這個階段的思考、感受與行為。他們在這個時期應該專注於什麼？
- **第四課：第三階段**。描述人在這個階段的思考、感受與行為。他們在這個時期應該專注於什麼？
- **第五課：第四階段**。描述人在這個階段的思考、感受與行為。他們在這個時期應該專注於什麼？
- **第六課：第五階段**。描述人在這個階段的思考、感受與行為。他們在這個時期應該專注於什麼？
- **第七課：總結**。回顧整個「成功之路」，簡單整理每堂課的內容重點。

三、每月內容

第三種內容是每月內容。這是你的會員每月都會收到的內容，就像一份特殊的禮物，讓他們對成為會員感到興奮和投入。在出版型模式中，這可能是全新的內容；在UPS型模式中，它可能是一份內容包裹。無論是哪種形式，關鍵在於每個月都要做點變化，以保持會員的興趣。

對於服務型會員制度來說，每月的遞送的內容可能是每週一箱新鮮蔬菜。而產品型會員制度，例如一元刮鬍俱樂部，則可能是每月寄出的刮鬍刀。至於社群型會員制度，可能是每月一場共同工作會議、菁英學習社群或一對一諮詢。

它與核心內容的差異在於，核心內容是總覽，是會員的地圖，讓他們知道自己目前的位置，以及會員制度將帶他們前往何方。每月內容則在推動他們實際前進，這就是見真章的時刻了。在設計每月內容時，你要專注於一件事：幫助會員獲得成果。重點不是用一堆內容讓他們感到壓力，而是提供他們在「成功之路」上持續前進時所需的工具和知識。

以下提供一些靈感，幫助你激發創意。請記住，這就像自助餐，你不需要每道都吃，挑選適合你和會員的幾樣就好，不要每樣都想做。

- **教練輔導：**可以考慮提供熱座諮詢（hot seat）或聚焦式教練時段（laser coaching session），為會員提供個別化的指導。你也可以舉辦虛擬教練課程，例如網路研討會或臉書直播，來回答會員最迫切的問題。
- **指南與戰術手冊：**製作操作指南、藍圖、戰術手冊與檢查清單，幫助會員在「成功之路」上前進，並付諸行動。
- **訓練資料庫：**建立一個可隨時取得的訓練資料庫。如果你使用像 Membership.io 這樣的工具，會員更能輕鬆找到他們需要的影片。
- **工作表與大師課程：**提供互動式的工作表與大師課程，協助會員深入探索特定主題。你也可以邀請專家進行訪談或教學，讓內容更多元。
- **責任小組與定期會議：**透過責任小組與定期會議，建立社群歸屬感，讓會員能彼此交流、分享進展並互相支持。
- **挑戰與競賽：**透過舉辦挑戰活動與競賽，為會員制度增添活力，鼓勵他們付諸行動、達成目標。
- **幕後花絮、藍圖解析、品牌檢視或案例研究：**展示其他人如何運用你的教學內容，並通過「成功之路」的各個階段。

- **檢查清單**：製作清單，幫助會員追蹤自己在「成功之路」上的進度。
- **評論或精選新聞**：成為你領域中首選的資訊來源，讓會員無須自行過濾大量內容。
- **代勞服務**：直接幫會員完成某些任務，讓他們無須自己動手。
- **活動**：舉辦專屬會員的活動，如工作坊或講座，線上活動或實體活動都可以。這類活動對教練型或社群型會員制度特別有效。
- **專家訪談**：訪談產業專家，並提供訪談錄音、摘要或逐字稿給會員使用。
- **實體商品**：人們喜歡收到實體物品，例如馬克杯、背包或徽章，這類內容最適合UPS型會員模式。
- **範例資料庫**：人們喜歡看參考範例。範例資料庫包括經過驗證或已使用過的內容範例，如電子郵件文案、銷售文案與廣告素材。
- **範本**：將常用的檔案（如範例資料庫）轉換成範本。
- **工具與軟體**：若你能打造會員專屬工具、軟體或資源，將大幅提升你的會員價值。

現在我們來談談，如何讓每月內容與「成功之路」相呼應。你要根據會員目前的旅程階段，引導他們前進。舉例來說，如果有人處於第一階段，你就要推薦他根據每月內容採取具體行動。如果他在第五階段，你要幫他將內容應用在更進階的層次。要隨時掌握會員的進度，幫助他們從一個階段邁向下一階段。如果大多數會員還在初期階段，請優先規劃符合這些需求的內容。

在每次內容的結尾，請根據不同階段設計明確的行動呼籲，這可以確保所有會員都能以符合自身旅程的方式，應用這些內容。記住，你的會員制度價值在於實踐的速度，因此，請將重點放在幫會員採取行動、獲得進展。

行動步驟

一、選擇你的會員模式：知識型、社群型、產品型、服務型或混合型。
二、選擇內容模式：出版型、UPS型、教練型、點滴型／模組型或混合型。
三、建立你的「成功之路」。
四、寫出「成功之路」的各個階段、里程碑及行動項目。
五、建構並規劃三大必備內容類型：導入內容、核心內容和每月內容。

第四篇

會員變現——
讓會員無法拒絕的
銷售提案

這一篇將釋放行銷能為你的會員制度帶來的魔力。擁有絕佳的會員內容或活躍的社群固然重要，但殘酷的現實是：即使你擁有世界上最好的會員制度，如果沒人知道，你就無法服務任何人。行銷你的會員制度是必要的，你必須有效地傳遞訊息，讓需要它、對它感興趣的人看到你的提案。

有時只要一個行銷策略，就能翻轉你的成果，讓它從「不錯」躍升為「卓越」。還記得庫賈拉嗎，那個吉他愛好者，他的會員制度本來經營得不錯，但後來遇到大家都很熟悉的瓶頸。在加入我們的社群後，他採用某個策略（我們很快就會談到！），你猜怎麼了？他原本三萬美元的月營收，幾乎在一夜之間就上升到七萬五千美元，現在他的會員人數已經超過一萬兩千人。不可思議吧？但這就是策略性行銷的威力。

我要老實告訴你，我們接下來要介紹的策略，不是常見的老套行銷技巧，它們是獨特的、另類的，就是為了脫穎而出；但最重要的是，它們真的有效！這些策略是我協助數千個會員網站時，所看到最成功的做法。你即將進入一座智慧金礦，這些內容是多年、甚至數十年經驗的精華。我們會涵蓋開放式與封閉式行銷計畫，以及啟動與再啟動的實戰技巧建議。但請記得，不要只是吸收知識，而是要真正採取行動。

追求完美？沒那麼重要。採取行動，才是真正的祕訣。

第二十五章
打造一個讓人無法拒絕的提案

如何設計一個讓人愉快地掏錢加入的會員提案？要讓人付出辛苦賺來的錢，這可是大事。如果你有一個人們自然就想買的東西，那行銷就會簡單許多。這就是本章要探討的：想設計出令人驚豔、有吸引力，又讓人無法抗拒的提案，有哪些具體步驟。

當眼前出現一個超棒的提案時，人們自然會被吸引。他們會傾身靠近，認真思考是否該加入。想像一下這個畫面：你是否曾走進超市，發現自己喜歡的藍莓在特價？不只是小折扣，而是整整五折。你會怎麼做？當然是把購物車裝滿藍莓啊！這就是好提案的魔力，它能喚起我們內心的聲音：「哇，這麼好的機會，絕對不能錯過！」

好的提案包含幾個關鍵元素，包括一個能抓住注意力的鉤子、一個完美的定價策略、具有意義與價值的交付項目，還有超值加碼和清楚的行動呼籲。我們來逐一探討這些元素。

鉤子：吸引注意力

鉤子就是閃閃發亮的誘餌，立刻抓住受眾的注意力。它是一句能讓人從「喔，這聽起來不錯」瞬間轉變成「我現在就要這個！」的話。這句話可以激起他們的好奇心，或是直接點出你知道市場普遍會遇到的問題。不管是哪一種，最有效的鉤子都是清楚明確的，讓人馬上知道自己會得到什麼。

人們不是在買「東西」，他們買的是成果或轉變。

以藍莓為例，那塊寫著「藍莓特價：現折兩美元！」的牌子馬上抓住你的目光，因為你知道你會得到什麼，還有它對你有什麼好處。你想要藍莓，而且你知道這價格超值。你的鉤子也必須發揮同樣的效果——清楚、有吸引力，而且立刻讓人明白為什麼該在意。

說到底，人們不是在買「東西」，他們買的是成果或轉變。這一切都與受眾渴望的轉變有關，而「鉤子」就是那個「實現轉變」的承諾。你的提案是否能減輕某種痛點？是否滿足他們內心深層的渴望？你的目標就是找到那句真正能呼應他們主要需求的鉤子。

熱門小技巧：可以參考雜誌封面找靈感。如果你搜尋「女性健康」的雜誌封面，就會看到很多範例和靈感。這個方法也適用於其他行業的雜誌，效果同樣驚人。

價格的對比效應

我們會在下一章深入探討定價策略，但現在你要知道：定價的關鍵不只是數字本身，而是「對比感」。記得藍莓的例子嗎？當你看到「藍莓現折兩美元」時，會覺得很興奮，因為那可能相當於打了七折到五折。但如果一家車商說他的車價願意減去兩美元，你會想：「開什麼玩笑？」

為什麼一種情況讓你雀躍，另一種情況卻幾乎讓你覺得被侮辱？不都是兩美元嗎？問題就在對比！一盒四元的藍莓折了兩美元，會感覺差異很大；但四萬美元的車子折兩美元就讓人無感。我們對兩美元的感覺差別如此大，是不是很有趣？這就是對比的力量。將你的價格定錨在某個能凸顯提案價值的事物上，讓受眾知道他們即將得到的東西，根本是無須多想的投資。

另一個常見策略是使用「定價誘餌」。這是指提供幾種不同的價格選項，引導顧客選擇你最希望他們買的那一個。當你加入一個稍微不那麼理想的選項時，另一個選項就會顯得更有吸引力。舉例來說，如果六盎司的咖啡賣二·九九美元，而十盎司的咖啡賣七·九九美元，你可能會猶豫一下要選哪個，畢竟價格差距不小。但如果我再加入一個八盎司、價格六．九九美元的選項，那麼十盎司的看起來就超划算了，因為從中杯升級到大杯只差一美元，你立刻覺得自己撿到便宜了！

交付項目：不只是東西而已

現在，讓我們來談談交付項目。這是你的會員在加入後實際會獲得的東西，但不要只是像列購物清單一樣列舉，我最常看到人們犯的一大錯誤，就是過度強調內容的細節。這裡有個祕密：人們其實並不太在乎你是怎麼交付你所承諾的轉變，他們只在乎「結果」。記住，你賣的是「轉變」，不只是他們能得到的東西，你的任務是幫他們把這些項目與成果「連起來」。

對於每一個交付項目，你都要解釋它為什麼重要。如果你提供的是大師課程、範本或檢查清單，請解釋這些資源如何幫助會員更快達成他們追求的成果。幫他們省時間？讓困難的任務變簡單？告訴他們！重點是速度與便利。這樣馬上能增加提案的價值。

不要以為你的受眾會自動理解這些東西的好處，你一定要明確說明它為什麼重要。我自己的一個小技巧是：每當我列出一項會員內容時，就問自己一句話：「那又怎樣？」這會逼我說出這項內容的重要性，讓會員非常清楚這些交付項目會如何改善他們的生活。

加碼：額外好康

加碼內容，就是那些讓你的提案更加誘人的好康。加碼內容有不同類型：標準加碼與限時加碼。標準加碼應該用來回應顧客的疑慮，並幫助會員更快、更輕鬆地達成他們的目標，它就像是在他們的成功旅程中加裝渦輪引擎。限時加碼則是為了幫助觀眾獲得「快速成果」，並且只在特定時間內提供。

以我的會員課程為例，我提供的標準加碼是一堂「借用影響力」（Borrowing Influence）課程，針對「沒有人脈／沒有受眾」這種常見疑慮。而在限時加碼中，我會提供達成七位數銷售業績的腳本、範本，以及填空式電子郵件指南，盡可能讓建立與推廣會員制度變得簡單。

明確的行動呼籲

又來了，你聽膩了嗎？給人們行動呼籲！不要含糊其詞。明白告訴人們下一步該做什麼！

你正在引導他們邁向一場轉變，而你的行動呼籲就是通往美好未來的橋梁。要具體一點——無論是「立即加入」還是「點此報名」，清楚的指示是給潛在會員的禮物，能省去猜測的麻煩，幫助他們現在就做出正確的決定。

以上，就是打造無法拒絕提案的完整拆解！從定位到定價，每個環節在打造讓人無法拒絕的會員制度中，都扮演著關鍵角色。接下來，我要回答你此刻心中肯定正在思考的問題：我到底該收多少錢？

無法抗拒的提案可以吸引買家

第二十六章

我到底該賣多少錢？

這個問題價值百萬——好啦，不是真的值一百萬，但你懂我的意思。你的會員制度應該收多少錢？你可能也在想：該選擇月費制、年費制，或是完全不同的定價方式？別擔心，我們馬上就要打開定價模型的寶庫，一起探索各種可行的選項。但在開始動筆計算之前，你必須先了解一件非常重要的事：沒有「唯一正確」的定價方式。

沒有一個適用於所有人的做法。沒錯，我會引導你了解這些模型，也會偷偷透露自己的偏好選擇，但這就像是一場定價自助餐，你可以依你的狀況選出最適合的組合，這就是它的美妙之處。

在我們討論定價模型之前，這裡有一些通用的建議。當你要決定會員制度的「具體金額」時，我建議從較低的價格開始，然後逐步調升。這就像股市一樣運作，不過波動沒那麼大。各個市場的合理或平均價格區間都不同，所以千萬不要拿你的價格去跟完全不同市場的人比。

如果加入你的會員是為了省錢或賺錢，那麼你可以為前端會員（也就是首次加入的會員）設定稍高的價格，例如每月五十到一百美元；而後端會員（那些已經上完你的課程，並希望獲得更多資訊的會員），價格通常會高出非常多，一般在每月兩百到一千美元之間。

如果你的顧客不會直接因為加入會員得到投資回報（像是興趣類或寵物類的市場），定價就比較棘手了。這些會員制度的收費通常是每月幾美元到二十至四十九美元左右。一般來說，這類市場的價格不會超過這個範圍，不是說不可能，但通常來說都低於每月五十美元。

至於健康相關市場，因為你幫助人們改善外觀與感受，他們可以看到某種形式的投資回報，但你必須非常擅長幫助他們追蹤自己的進展。如果顧客無法追蹤自己健康的進展，就難以將這些成果與你的會員制度連結起來。這類會員制度的價格通常落在每月二十到一百美元之間。

給聰明經營者一個建議：一開始只推出一種會員等級。我不建議一開始就設計好幾種等級，那樣會讓事情變得複雜（且要花更多時間才能上線），我更偏好從單一層級開始，觀察你的會員想要什麼，再根據需求設計第二層會員（而且你可以收更高的費用！）。保持簡單，邊做邊測試與調整。

如果你是新手，那就更應該從低價開始，因為漲價永遠比降價容易。想像一下，你加入了某種會員，後來他們說：「我們要漲價了，但你的會員價格會保持不變。」你會有什麼感覺？太好了，對吧？你會覺得自己當初做了很棒的決定。但如果相反呢？他們說：「我們要降價了。」你會怎麼想？

根據我的經驗，大多數顧客會覺得自己之前一直多付錢，甚至有些人會要求退還差額。這就是為什麼我建議從較低的價格開始，並且回饋你的早期支持者。而且，接下來你還能將價格調漲作為行銷的一部分。

但首先，我們來看看一些常見的會員定價模型。

經典模式：月費與年費

先從經典模式開始：月費和年費。月費制就像你的老朋友一樣，會員每個月支付固定金額，即可持續使用服務。這就是你實現重複性收入與可預測獲利的方式。接著可以升級到年費制，讓會員選擇一次繳交一整年的費用，一般來說，會提供一點折扣當誘因，例如兩個月免費。大約九九%的情況下，這兩種就是你的主要定價模型，因為這兩種方式幾乎不會出錯。

純年費

但等等，還有更多選項！還有一種是純年費制，也就是會員只能選擇一次購買整整一年的使用權。一次付款，換取一整年的價值——這可是真正的承諾！我們常看到這種模式用在高價位的會員制度，例如菁英學習社群或專業服務型的會員內容。但其實像 Amazon Prime 這類服務也採用這種方式。

預付費＋月費

另一種選擇是「預付費＋月費」模型。會員一開始先支付一筆較大的金額，之後每月持續付款。這種設計能營造出一種「承諾感」，也能降低會員快速退出的情況，因為如果他們離開後想再加入，就必須再次支付那筆預付費。

我曾看到社群中的一些人採用這種方式，特別是當他們擔心有人加入後，下載完所有內容就離開。不過，我不希望你擔心這一點。你可以採用預付費模式，但不該是因為怕會員感受不到會員制度的價值。唯一需要考慮的是，預付費可能會讓轉換率下降，但從長遠來看，提高的留存率可能會彌補這部分差距。

一次性付費——請小心使用！

有一個陷阱我必須提醒你：一次性付費模式。我並不建議使用這種模式，因為如果沒有定期收費，其實就不算是會員制度了。

相信我，我理解這種模式的吸引力，但它是一種破碎的商業模型，起初看起來很誘人，但你很快就會發現，你得不斷提供支持給越來越多的人，卻沒有新的收入來支撐這些支出。這基本上就像是賣一個產品，然後附加大量的售後服務，但你的收入卻只能靠持續吸引新會員來維持。這正是你該極力避免的經營方式。

固定期間收費模式

如果你想先試水溫，那麼可以用「固定期間收費制」，像是提供一門課程，不過時間固定，例如三個月、六個月或十二個月，這種模式非常適合那些想先體驗一下再深入投入的受眾。有時候潛在會員會被這種模式所吸引，因為感覺有條「終點線」在前面等待。意思是，當這三或六個月結束時，他們就能達成預期的成果。但要特別注意的是，續約問題可能會比較複雜。

試用＋月費

最後是「試用＋月費」模式，潛在會員能有機會先試用體驗。在這個模式下，通常會提供一個低價的試用期，通常是三、五或七天，接著就會自動轉為完整的月費會員。

請務必將試用天數保持在最少。我不建議你提供三十天或甚至十四天的試用，因為我希望你能盡快開始創造收入，三到五天其實就足夠會員了解你提供什麼樣的體驗。此外，我建議只在對方拒絕一般促銷後，再提供試用選項，否則你可能會吸引到那種只想試用一下、很快就離開的人，這樣會造成不少干擾。

好了，親愛的定價先鋒們，繼續保持動力吧。定價不是一成不變的，而是一段探索與成長的旅程，保持熱情高漲、價格合理，繼續做最棒的自己，我們下一章見！

第二十七章

不想推銷也能成功推銷的方法

現在是時候銷售你精心打造的絕佳方案了，讓你不只能賺到錢，也能開始幫助他人。

在本章中，我們將直接進入文案寫作的世界——讓你的受眾還來不及反應，就已經點下了「立即加入」的按鈕。這就是你在推廣會員制度時所要使用的語言，無論是在銷售頁面、網路研討會還是社群媒體上，目的都是說服人們加入。

準備好釋放文字的力量，為你的潛在會員描繪出一幅他們無法抗拒的生動畫面。為了做到這一點，你需要問自己：**我要說什麼才能讓人自然而然想購買？我要如何讓我的會員制度超有吸引力？我要怎麼讓人明白我所提供的東西很有價值，而且他們現在就需要？**這些問題的答案，都在於一項小小的技能——「文案寫作」。

有說服力的銷售文案，重點就在於創造「現在」與「未來」的對比，讓你的受眾渴望透過你的會員制度邁向更美好的未來。你已經完成了「訊息地圖」，這就像是擁有了夢想家園的藍圖，現在，我們要把這些藍圖變成一個溫馨、誘人，讓你的受眾捨不得離開的空間。

讓我們舉個例子。假設你的服務是協助父母面對兒子可能出現的各種行為問題。這是我們社群成員的真實案例。那麼，父母的「現在」清單會有哪些內容？他們目前正面臨哪些感受與掙扎？他們可能會想：「來不及了，我的兒子這輩子都會有行為問題。」他們可能因為無法掌控局面而感到羞愧，他們會避免外出，因為害怕孩子突然發脾氣、鬧場。他們不知道該如何走下去，也不知道可以和誰傾訴，他們曾在網路上尋找過各種點子和策略，卻被大量資訊淹沒，也許他們覺得自己已經試遍所有方法了。或許最糟的是，他們感到內疚，擔心是自己讓孩子有行為問題，卻又不知道該怎麼補救。他們該怎麼辦呢？

這時，你的會員制度登場了。你要如何幫助他們度過這一切？加入你的會員後，他們的生活會變成什麼樣子？他們將會有信心，能夠應對並引導與孩子之間的各種棘手情況；他們可以放心地帶孩子外出，因為知道該怎麼做；他們能成為兒子的後盾，並感受到來自社群的支持；他們會為兒子感到驕傲，也會感受到自己和孩子都在進步。最重要的是，他們會持續與孩子發展更好、更有意義的關係。這些基本上就是這個會員制度的「訊息地圖」。

跟上了嗎？現在，讓我們把這些想法串起來。如果我要向這類受眾解釋加入會員的價值，我會這麼說：

如果你有個十到十二歲的兒子，你正為他的各種行為問題而苦惱，或許你會覺得：「現在要幫他已經太遲了，一切都沒救了。」你可能會覺得：「天啊，我應該當個更好的家長」，然後把所有的壓力和責任都扛在自己身上，因為你覺得無法掌控兒子的行為，這讓你感到孤單又無助，甚至避免帶孩子出門，只因害怕再度發生失控場面。私底下，你不斷找尋方法，想知道怎麼幫助兒子、維繫親子關係，但龐雜的資訊讓你更無從下手，結果什麼都做不了，也看不到任何進展。你可能因此感到內疚和羞愧，甚至開始懷疑，事情還有沒有轉機。

我有個好消息，絕對能讓你從這種壓力與孤立，轉變成充滿信心的家長。你可以成為兒子的支持者，並獲得其他正經歷類似情況父母的支持與連結，並因為持續看到進展而更有動力。你會有明確的方向，清楚知道自己該怎麼前進，也為兒子的進步，以及你們之間關係的改善感到驕傲。

在這個過程中，你會相信時機逐漸成熟，走向那個不再充滿衝突或情緒爆發的階段，而是與兒子建立起充滿愛與回報的關係。而這樣的改變，不僅是當下，更會持續影響你們未來的許多年、甚至幾十年。如果你對這些感受產生共鳴，我誠摯邀請你加入我們的社群。

好，暫停一下。我剛才做了什麼？我只是把「現在」欄和「未來」欄的內容讀出來，將它們串聯起來，編織成一個故事——這就是潛在會員加入後可能經歷的故事。想像一下，你正坐在理想會員對面，一起喝著咖啡，輕鬆地訴說這段能觸動他們內心與理智的故事。

你已經擁有了為自己的會員制度創作這段文字的所有元素，這些就是你的基石、你的工具，善用它們，靈活搭配，看看會發生什麼魔法。想像你手裡拿著一支畫筆，用文字描繪出潛在會員現在所處的情境。要具體描述，讓他們邊看邊點頭，心想：「對，這就是我的感受。」接著，再描繪他們理想的未來。輕鬆銷售的祕訣，不只是寫出一段文案，而是引導潛在會員做出能改變人生的決定。要有自信，成為他們的領航者。讓他們知道，你理解他們的處境，你擁有他們苦苦等待的解決方案。

你的文字力量能觸動受眾的內心深處，激發情感，促使行動。不要急於完成這個過程，慢慢雕琢你的文案，讓每一個字都發揮作用。你的話語就是一座橋梁，連結潛在會員現在所處的位置，與成為你會員所帶來的轉變。寫出有說服力文案的關鍵，就是營造他們現在所處的位置、與渴望達到的狀態之間的落差與對比，當這個落差清晰可見時，你的會員制度就會成為他們理所當然的下一步選擇。

有了「訊息地圖」和有說服力的文案力量加持，你現在已經準備好打造一個能打動人心的銷售頁面了，我們繼續寫下去吧！

第二十八章
銷售頁面基本原則

有了你引人入勝的文案和為潛在客戶描繪的美好未來，現在是時候讓他們真正有機會成為你的會員了！打造一個高轉換率的銷售頁面，是整個過程中最關鍵的環節之一。你的銷售頁面就像是一扇窗，讓受眾得以窺見你的提案；把這一步做好，就能為你的事業帶來巨大的轉變。潛在會員會在這裡決定是否加入你的社群，這是一件大事，所以我們必須用心對待。

把你的銷售頁面想像成一段旅程，由一系列段落組成，引導讀者一路走向「立即加入」的按鈕。基本結構是：有一個主標題、一個副標題、一小段文案，然後進入下一個段落，如此反覆，每個段落都包含標題和文案。這種結構讓你的讀者即使只是快速瀏覽，也能明白你提供什麼、對他們有什麼好處，以及為什麼這是他們無庸置疑的選擇。人們時間有限，往往不會細讀每一個字，所以你必須確保重要資訊對於快速瀏覽的人來說一目了然。

七個關鍵問題

要打造一個有效的銷售頁面，你需要為顧客回答七個重要問題。以下一一分析說明。

一、你提供什麼？

一開始，你就必須清楚說明你的提案。這是你的鉤子，也是你要解決的問題。談談你的會員制度、社群，以及你能帶來的轉變，讓顧客立刻了解你能為他們提供什麼。

二、這為什麼重要？

這才是他們真正想知道的，如果他們現在不解決這個問題或挑戰，會有什麼後果？問題或挑戰會不會惡化？他們想要的未來會不會越來越遙遠？談談潛在顧客內心的痛點，幫他們把這些關聯串起來。

舉例來說，親子相關的會員制度，痛點如果現在不解決，孩子的人生可能會受到影響！（開玩笑的……但也不完全是玩笑。）如果沒報名你的健康飲食會員制度，他們可能會繼續外食，浪費金錢、健康也受到負面影響。如果沒加入你的犬隻繁殖會員制度，他們可能會犯錯，影響事業甚至狗狗的健康。務必讓顧客明白，為什麼你的會員制度很重要。

三、你是誰？

人們想知道你的背景故事。你是自己發現解決方案嗎？你自己經歷過這種轉變嗎？還是你曾經幫助過別人做到？分享你是如何想到這個方案的。不論是你的個人經歷還是其他故事，顧客都需要知道，為什麼你就是那個能幫助他們實現轉變的人。

四、可能有什麼成果？

生動地描繪加入你的會員後，顧客可能達到的美好未來。這時候，顧客的成功故事就派上用場了。分享那些和潛在會員相似、經歷過轉變的真實人物故事，要展示，不要只是陳述，人們想看到有真實經歷的人，證明他們也能從現在的處境走向你所承諾的轉變。這也是展示你「成功之路」的絕佳時機。

五、包含哪些內容？

列出會員制度所提供的內容，強調你的核心內容和每月會提供的資源。但不要只停留在列舉，還要解釋每個項目的重要性，以及這些內容能為會員帶來什麼可能性。

六、價格是多少？

不要羞於公布價格，要自信且明確地說出來，並說明為什麼這是一個超值的選擇。將價格拆解，顧客就能清楚看到他們所獲得的價值遠超過他們的投資（例如：「你每天只需不到〇．五美元，就能獲得某些好處。」）

七、下一步是什麼？

最後收尾時，請務必明確且直接地表達：你希望他們點擊「立即加入」的按鈕，不要讓他們有任何困惑的可能性。

現在你要做的，就是針對這些問題，分別寫出一個標題或一句簡短的回答。加入你所撰寫、具說服力的「現在／未來」對比文案，並設計一個流程，引導讀者逐步走過這些問題的答案。本質上，我們希望每個問題都有一個直接呼應的標題，並在下方補充一些背景說明。你可以根據需要調整順序，但務必確保每個問題都有回應到。如果漏掉其中任何一點，無論是有意還是無意，都會在讀者心中留下疑問，讓他們無法採取你期望的行動。但如果你能完整涵蓋所有重點，你的銷售頁面就會極具說服力，讀者會抓到重點，轉換率自然大幅提升。

這裡還有幾個小技巧：

一、確保你的銷售頁面支援手機瀏覽。現代人大多使用手機上網，你的頁面必須在行動裝置上也能清楚閱讀且操作順暢。

二、標題和副標題要有趣。如果你不能吸引讀者的注意力，給他們一個停留的理由，他們很快就會離開。

三、讀者應該能夠輕鬆地從一個段落瀏覽到下一個段落，並掌握你在做什麼、你提供什麼，以及這些如何讓他們的生活變得更好。

當你的銷售頁面準備好後，你就可以準備公開上線了，對吧？不過，公開也有無效或超有效之分，我希望你是後者。因此我們接下來將要揭曉超有效的祕密。

第二十九章

開放式與封閉式行銷計畫

這一章，我們要討論「開放式行銷計畫」（Open Marketing Plan）和「封閉式行銷計畫」（Closed Marketing Plan）之間的差異。開放式代表你的「大門」全年無休，隨時都能加入；封閉式則只在特定時段開放加入會員，其他時候則關閉報名。

你可能會想：「我當然希望隨時開放加入啊？」我明白，乍看之下，為什麼不讓大家隨時都能加入、想來就來？但先別急，其實選擇封閉式行銷計畫有很多理由，不過我們先來聊聊開放式，因為它通常最受關注。

當你的會員制度是針對急需立即協助的受眾時，開放式行銷計畫特別有效。

很多類型的顧客都需要馬上獲得幫助，比如即將臨盆的媽媽，她們不會想等太久；又或者是負債累累、急需協助的人，或是正在轉換職涯、想解決迫切健康問題的人，這些人都希望「現在、立刻」得到協助。

當年我還在經營願望清單會員公司時，我們發現除了技術支援，會員們也想學習行銷與策略，所以我們打造了一個「專門幫助其他會員制度經營者成長的會員制度」。一開始我們採用開放式行銷計畫，起步很順利，但過了一陣子成長就停滯了，招募會員變得困難。這其實是許多採用開放式行銷計畫的會員制度常見的問題。

二十四小時全年無休地敞開大門當然很好，但你的行銷策略不能只是被動地「隨時歡迎加入」，你需要製造出一點急迫感，否則人們會想要「以後再說」。你知道這代表什麼，對嗎？沒錯，他們很可能永遠不會回來了。

那麼，如果你一直保持開放，該如何創造急迫感呢？我的建議是設計十二個無法抗拒的福利或促銷活動，然後每個月推出其中一個，只要新會員在某個截止日前註冊就能獲得。例如，你的會員費用一個月二十美元，每個福利價值九十七美元。砰！有人看到這個優惠時，會想：我這個月只要花二十美元，就能拿到價值九十七美元的好康！這時，急迫感產生了。你不只開放了大門，還在門口放了甜蜜到無法拒絕的櫻桃誘惑。

第一個目標，就是要給他們加入的理由。

現在，我已經能聽到你的質疑在我耳邊迴盪：「可是，他們不會拿完贈品就走人嗎？」不會的。你要這樣想：當然，他們一開始可能為了贈品而來，沒關係，接下來你會用你提供的價值讓他們感到震撼。第一個目標，就是要給他們加入的理由。而他們之所以留下來，是因為其他好處——例如社群、內容，還有你帶來的轉變，福利只是那張引他們進門的金牌門票。

還有一個熱騰騰的小技巧：把你現有的會員也當成貴賓。每次推出新福利時，也送給現有會員。這是一種留存策略，能讓你的會員持續參與並保持熱情。因為重點不只是讓他們加入，而是在他們加入後真正讓他們感到驚豔。記得要與現有會員溝通，讓他們也抱持熱情，而且別擔心，你不需要每年都重新發明新福利，這些好康可以年年輪流、反覆登場。

接下來，我想問你：你想做更少的事、賺更多的錢嗎？如果是，歡迎來到「封閉式行銷計畫」的世界，這裡，我們將顛覆傳統，做一些看似違反直覺、卻能帶來驚人效果的事。做法是定期關閉會員註冊，讓人們無法隨時加入，然後每年只在幾個特定時間點開放（通常是五到七天）。如此一來，人們就會對註冊產生真正的急迫感。

我知道，封閉式行銷計畫聽來就像吃錯藥。誰會想關上會員的大門呢？那讓我告訴你，這一切是如何在我心中突然豁然開朗的。

早年我和海亞特合作創業時，因為有一群讀者非常喜愛他那本登上《紐約時報》暢銷書榜的作品——《平台：在喧囂世界中被看見》(*Platform: Get Noticed in a Noisy World*)，大家都渴望獲得更多內容。所以我們推出了會員制度，採用開放式行銷計畫，每個月都有推廣活動，營造話題和急迫感。

一開始效果很好，每月都能吸引一百到一百二十五位新會員。但每個故事都有轉折點。海亞特開始覺得我們的行銷安排讓他有點喘不過氣，他想要有更多空間推廣其他方案，並能與受眾更深入互動。

於是我們改變策略，關閉會員大門，第一次採用封閉式推廣時，就新增了超過六百位新會員，完全改寫了結果。過去用開放式行銷計畫，一年約能招募一千五百位新會員；改用一年四次的封閉式推廣後，每年新增會員數提升到約兩千四百人。這代表我們花更少力氣，卻得到更好的成果，這感覺實在太美妙了。

你以為這樣就夠好了嗎？還不夠。我們後來進一步縮減到一年只推廣兩次。你猜怎麼樣？更神奇的事發生了，每次推廣都能帶來一千五百到兩千名新會員。也就是說，每年推廣次數減半，卻能招募到更多會員（達到每年三千至四千名新會員）。整個會員流量大門被徹底打開了。

你也可以在創造更大影響力的同時，仍然有時間悠哉喝完一杯早晨的咖啡，不必忙於不斷推廣的混亂中。聽起來像夢一樣，對吧？這就像發現了會員成長的祕密捷徑。

還不信嗎?你大概已經猜到接下來要說什麼了:我們來聊聊成功案例。珍妮佛・奧爾伍德(Jennifer Allwood)是個行動派,專門教導基督徒女性如何建立線上事業。我認識她時,她的會員制度成長速度並不如預期,花了三年才達到約七百名會員,雖然這已經是不錯的成績,但她知道自己可以做得更多。老實說,她一開始很不願意關上大門,但值得稱讚的是,她願意學習。我的建議是:「最壞的情況也不過是效果不如預期,妳隨時可以再重新開放。」於是她嘗試了。結果,僅僅一次封閉式推廣,她就新增了超過一千一百名新會員。

阿莉・凱伊(Ali Kay)的繪畫會員制度原本採用開放式,兩年累計約一千四百名會員。後來她決定嘗試關閉會員大門,為行事曆留出空檔,因此推出「教練週」的推廣活動。在那一次推廣中,她就吸引了超過三千名新會員!我們社群中還留著她當時的截圖紀錄呢。

我不是隨口吹牛,這套計畫真的有效,而且效果驚人。尤其在你創業初期,封閉式行銷計畫可以是你手中的祕密武器。

好了,我知道你現在肯定迫不及待想要把會員制度推向全世界了,那我們開始吧。接下來,我們將為你打下基礎,迎接史上最盛大的會員招募,讓你吸引到比想像中還要多的會員。

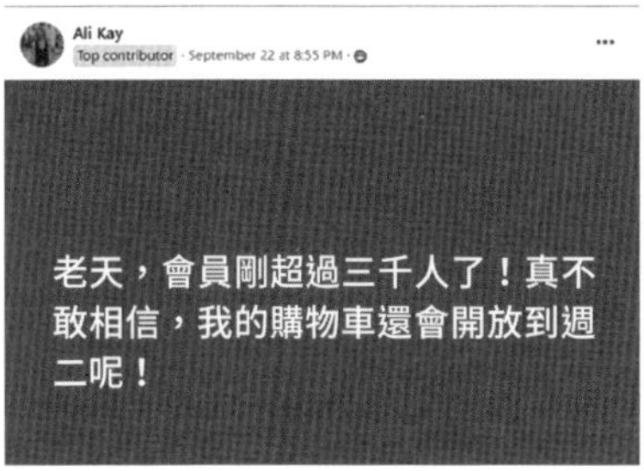
Ali Kay
Top contributor · September 22 at 8:55 PM ·
老天，會員剛超過三千人了！真不敢相信，我的購物車還會開放到週二呢！

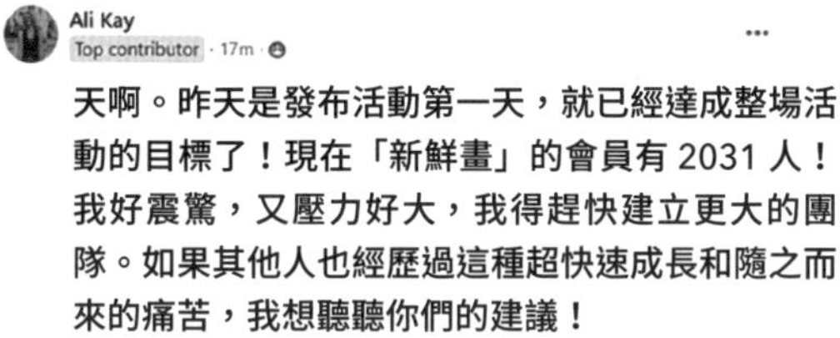
Ali Kay
Top contributor · 17m ·
天啊。昨天是發布活動第一天，就已經達成整場活動的目標了！現在「新鮮畫」的會員有 2031 人！我好震驚，又壓力好大，我得趕快建立更大的團隊。如果其他人也經歷過這種超快速成長和隨之而來的痛苦，我想聽聽你們的建議！

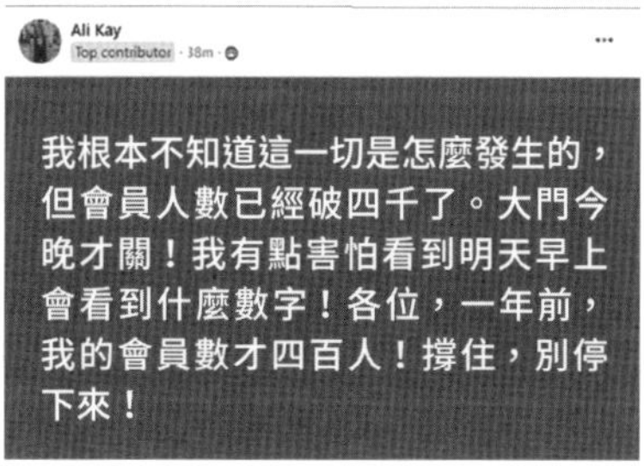
Ali Kay
Top contributor · 38m ·
我根本不知道這一切是怎麼發生的，但會員人數已經破四千了。大門今晚才關！我有點害怕看到明天早上會看到什麼數字！各位，一年前，我的會員數才四百人！撐住，別停下來！

第三十章

會員制度成功上線的五個階段

對於規劃數百萬美元規模的活動上線，我有豐富的實戰經驗，算是個老手，也學到不少東西。但有件事我希望你牢記：準備期越長，活動規模就越大。花一分鐘想想這句話。越長的準備期代表越有時間創造連結、提高認知、激發期待和興奮感。你知道我最喜歡那種不怕陽春、用手邊資源就立刻開跑的推出方式，這基本上也是我們初始會員招募的意義所在！但現在，我們要做得更大，現在要談的是初始招募後的上線活動。

在我創業的前十年，我一直以為自己遵循了正確的上線流程，提供一系列有價值的內容，讓人們看到我的價值，從而加入我的會員。但在遇到傑夫・沃克（Jeff Walker）後，我才發現自己忽略了一個關鍵概念——每一個內容背後的心理學，以及這些內容如何相互連結。不管你是用寫好腳本的預錄影片，還是透過直播來公開你的會員制度，理解這其中的心理學絕對至關重要。我花了一些時間才明白這點。但隨著每一次上線，以及對這門藝術的持續投入，我的成績從四位數一路攀升到七位數。

現在我可以自豪地說，我已經執行了十八次數百萬美元級別的上線活動。是的，這數字不少，但更令人興奮的是，我所用的基本原則也在社群成員中發揮了奇效，讓他們的上線活動也能達到五位數、六位數，甚至七位數。我認為沃克真的是這方面的先驅，他寫的《上線》（*Launch*）還登上紐約時報暢銷排行榜，對我的人生產生了深遠影響（現在也影響了社群中許多人）。話雖如此，人們常常會誤解上線活動中每個元素的作用。

準備期越長，活動規模就越大。

是的，每個元素都與內容有關。關鍵在於心理學如何與內容巧妙結合，再加上整體流程的時序安排。以下這五個階段，是我根據沃克那套精彩的公式所整理出來的版本，並加入了我自己的簡約風格。

想像這五個階段就像是一條時間軸，你會發現，隨著上線日期接近，各階段之間的間隔會越來越短。讓我們逐一拆解來看。

第一階段：連結階段（盡可能至少一個月）

第一階段的重點是在受眾的理性與感性層面上，與他們建立深層連結。還記得我們談過，要釐清你的價值觀和信念嗎？還記得我提到范納洽美化在聖誕夜工作這件事讓我很不舒服嗎？那一刻，我非常清楚認識到自己不認同「拚命工作」的文化，當我分享自己更重視家庭和不同生活步調的影片時，我的受眾產生了共鳴，無論是理性還是情感層面。

我把拚命工作而犧牲家庭時光的現實，與生活節奏較可控、較自由，更能與所愛之人相處的未來之間，創造出鮮明對比。連結階段的目標，就是在價值觀、信念和理念上與你的受眾產生共鳴。

第二階段：認知階段（二至四週）

在你與受眾建立連結後，就是時候讓他們認知會員制度所能帶來的可能性，並將這段關係推向下一層次。分享一些人在「成功之路」上不同階段的真實故事，在受眾心中埋下好奇的種子，讓他們開始思考自己是否也能取得類似成果。你可能聽我說過（大概一百萬次了！）：你必須分享成功故事，讓受眾看到可能性。無論大成就還是小進步，還是其中的每個步驟，這些故事都會讓轉變看起來觸手可及，自然就會吸引人靠近，想了解更多——尤其當他們能在故事中看到自己的影子時。這也是為什麼要分享各種不同背景和特質的人的故事，年輕的、年長的、老手、新手、不同技能或不同人生經歷，越多元，越容易讓人產生共鳴。

我喜歡分享那些一開始沒有受眾或郵件名單的人的故事，像是安德森或威廉斯，還有蘿倫·凱莉（Lauren Kelly），她加入我們社群時，甚至不知道什麼是會員制度，結果她打造的鋼琴老師會員方案迎來了十四位初始會員，幾個月後又舉辦了更大的招募活動，增加了四十九名會員，而她一開始幾乎沒有網路曝光或郵件名單。他們的故事比那些已經有數千會員的案例，更讓人覺得自己也可以做到。

但這是否代表不分享那些故事了呢？當然不是。因為這些故事會吸引不同類型的人。例如，蓋比·伯恩斯坦（Gabby Bernstein）是一位非常成功的企業家，也是紐約時報暢銷書作者。當我們第一次見面時，她的會員已經穩定達到約一千一百人。當我分享她的團隊飛到多倫多，經過一天諮詢，重新設計上線活動，最終新增超過四千五百名會員的故事時，會打動那些已經擁有會員制度，表現未達預期、但有潛力的人。

兩種故事都很重要，因為它們會吸引不同的受眾，同樣地，你的受眾也會分成不同群體，你也可以思考受眾可能的疑慮，並針對那些問題製作內容，這樣等你開始銷售時，已經提前化解了他們的障礙和疑問。

第三階段：渴望階段（一至兩週）

第三階段是大多數人對產品發表最有印象的部分。渴望階段要轉換重心，聚焦於即將提出的方案，這正是你產生最大動能的時刻，關鍵是要為你的方案建立強烈的期待和渴望。你在連結和認知階段投入的時間越長，進入渴望階段時的動能就越強。這個階段大約持續一到兩週，讓人們有機會註冊會員。你需要營造熱烈氛圍，讓大家明確知道，成為你的會員就是實現轉變的捷徑。

沃克稱這個階段為「機會」。你創作的內容必須描繪出一個宏偉願景，讓受眾看見，當他們接受你即將分享的內容後，未來生活會變得多麼不同。回顧你的「訊息地圖」，列出市場現狀與他們渴望達到的成果，然後描繪出他們想要的未來。那個未來就是機會。讓大家明白，只要加入會員，一切皆有可能。

以我自己為例，我會談論從舊的經營方式（一次性交易）轉向新的方式（透過會員制度建立經常性收入），這種轉變對企業主和他們服務對象的意義（壓力更小、穩定性更高、可預測性更強）。關鍵是要創造兩種世界的對比，幫助受眾想像如果接受你的教學，生活會是什麼樣子。

第二個關鍵是讓受眾一開始就體驗到轉變。想像你在為他們開啟一條通往光明未來的道路，在你的「成功之路」中設定一個小里程碑，讓他們立刻產生動力或獲得明確方向。對我來說，如果我能幫助某人製作出強大的「訊息地圖」，或是透過初始會員招募迎來第一位會員，那麼對他們來說，就能在一開始便產生強大的動能。

分享那些只比你的受眾領先一步的人的故事也非常有影響力，因為這會讓轉變看起來更容易實現（是的，故事，推出產品的每個階段都要講故事）。完美的成功固然吸引人，但有時會讓人覺得難以企及，反而是那些只比你快一步的人，會讓你覺得自己也可以再進一步。這就是為什麼在我們設計的每一次發表活動中，都會教導一些內容，讓受眾感受到自己已經稍微朝著渴望的未來前進。

克莉絲蒂・霍金斯（Christie Hawkins）在她的繪畫會員制度裡，會帶領學員完成一個初學者專案。完成後，他們能看到自己的進步，感受到動力。蓋瑞特會讓飼主練習一些基本訓練遊戲，幾天後就能看到狗狗的行為改善，這就是朝他們理想中「訓練有素的狗狗」邁出的重要一步。約翰・米哈盧迪斯（John Michaloudis）則教會員進階 Excel 表格技巧，在上線活動中，他展示了幾個可以立即運用的計算技巧，讓受眾可以飆速進步。

我還想介紹沃克的另一個術語「藍圖」。這時你要拉遠鏡頭，給人更高一階的全貌，讓大家看到實現轉變所需的所有要素。這會激勵人們和你合作，因為他們看到了全局，也更明白要如何達成目標，還能縮短他們的學習時間。他們希望由你帶領走完整個流程，不只是告訴他們做什麼，還要教他們怎麼做，而這正是你的會員制度派上用場之處。

千萬不要擔心在這個過程中提供太多價值。很多人總擔心，如果在活動上線時就公開所有內容，就沒有人會加入會員，因為他們已經得到所有需要的東西了！事實恰恰相反。就像這本書，書中的內容加上我分享的額外資源，就已經足夠讓你打造自己的會員制度，但總會有人（也許就是你？）想要更深入的資訊，或在實踐過程中獲得更多支持。我的經驗是，慷慨為先，大多數人會被你吸引，並希望得到更多。在這個極為關鍵的渴望階段，請思考以下幾個問題：

一、對我的受眾來說，機會是什麼？
二、他們的生活會變得更好，或有什麼不同？
三、經歷我們帶來的轉變後，還會有什麼可能？
四、我能分享哪些證據或案例，證明這種轉變已發生在他人身上？

五、我能幫助受眾快速取得哪些成果？
六、什麼早期進展能讓他們邁向更大的成果？
七、我能用什麼簡單方法加速他們的進步？
八、如果他們從今天開始，有什麼能創造動能？
九、我如何用視覺方式提供「成功之路」的全貌？
十、長期計畫是什麼樣子？
十一、長期成長不可或缺的關鍵？

記住，這個階段只是為你的會員制度創造渴望，還沒到開放購物車的時候。那是下一步。

第四階段：購買階段（四到七天）

第四階段是購買階段，也就是開放購物車的時期。這時你要敞開大門，讓大家購買你的產品。這個階段的時間要相對短暫——利用前期所累積的動能。我通常把開放購買的時間壓縮得很緊湊，因為開放時間越長，動能越容易消散，所以我的開放時間通常控制在四到五天。把這看作是一段逐漸升溫的過程，現在來到關鍵時刻，所有銷售（和魔法）都在這段時間發生。

第五階段：驚喜階段（持續進行，永不停止驚喜！）

最後，是驚喜階段！這時你要專注於兌現承諾。關閉購物車，歡迎新會員，現在該讓他們在加入後的前幾週就獲得極大的成功。你的目標？讓他們驚豔到不行。確保會員有出色的體驗，取得卓越成果，成為你的鐵粉。你已經為此打下基礎，因為你創造了一個優秀的會員制度，但願你也在初始會員招募就取得了好成績。這種出色的會員體驗至關重要，如此能幫助會員取得成功，也能讓未來的上線效果更驚人。

你可能會想知道時程安排，我幫你想好了。無論你有多少時間，都可以根據這個時程規劃範本自行調整。

時程規劃範本：百花齊放型上線方案

四月四日以前：預熱受眾

四月四日：發送《會員指南》（寄給整份名單）
四月七日：再次發送《會員指南》（針對未開信者）
四月十日：發送《專家策略與技巧：會員經營祕訣》（寄給整份名單）
四月十二日：再次發送前述內容（針對未開信者）
四月十四日：推廣會員工作坊──「把你已會、已愛、已做的事變成有利可圖的會員制度」（寄給整份名單）
四月十七日：再次推廣會員工作坊（針對未開信者）
四月十九日：再次推廣會員工作坊（針對未點擊者）
四月二十日：推廣會員工作坊／最後註冊機會／明天開課（針對未點擊者）
四月二十一日上午：會員工作坊第一場直播（寄給整份名單）
四月二十一日下午：第一場直播重播（針對未開信者）
四月二十二日上午：第二場直播（寄給整份名單）
四月二十二日下午：第二場直播重播（針對未開信者）
四月二十三日上午：第三場直播（寄給整份名單）
四月二十三日下午：第三場直播重播／明天有網路研討會（針對未開信者）

四月二十四日：網路研討會當天
四月二十五日上午：開放購買／早鳥優惠＋下午三點加開網路研討會（寄給整份名單）
四月二十五日下午：開放購買／早鳥優惠（針對高互動對象或整份名單）
四月二十六日上午：預告今晚直播（針對高互動對象或整份名單）
四月二十六日直播前十五分鐘：提醒即將開始（針對高互動對象或整份名單）

專業提醒：在上線活動後，我建議你和團隊立即做一次快速檢討，這樣下次可以做得更好。這也有助於回顧這次的經驗，從中學習成功之處或可改進的地方。整理這些流程的同時，也會幫助你內化上線活動的基本原則和五個階段。

如需規劃電子郵件、網站文案、音訊或影片內容的簡易範本，請造訪predictableprofitsbook.com。

在上線活動中，沒有任何元素是獨立存在的。想要成功，必須讓它們完美配合，這就是你邁向成功的路線圖。保持能量，維持正向心態，讓我們一起實現你夢想中的會員制度！

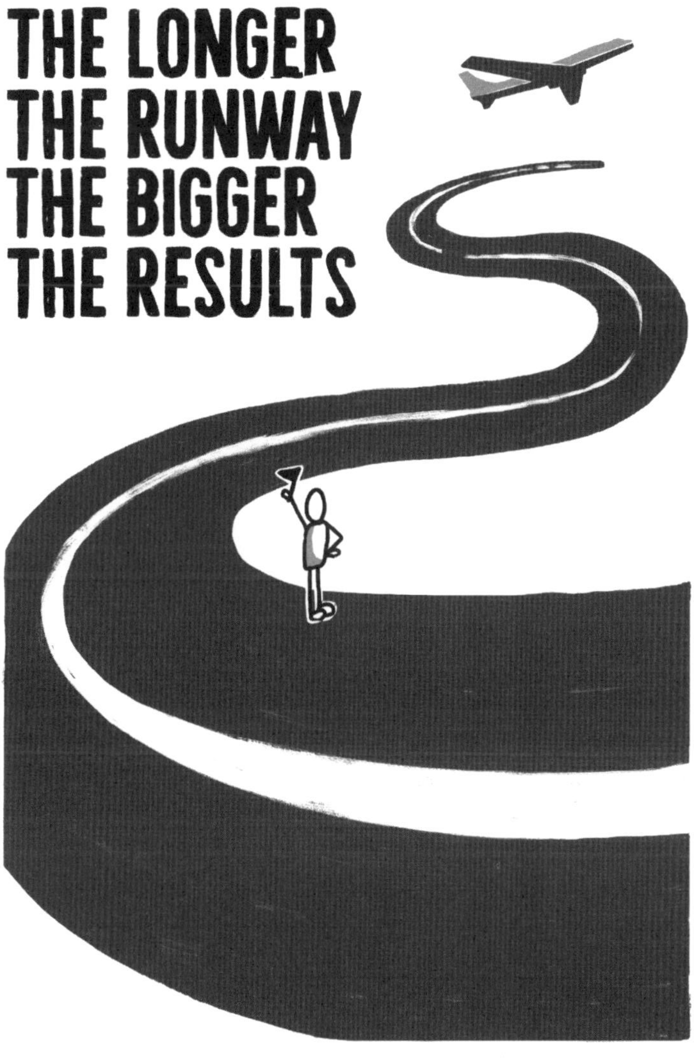
THE LONGER
THE RUNWAY
THE BIGGER
THE RESULTS

準備越久，成果越大

第三十一章

找到你的發表風格

推出會員制度的方法有無數種，但成功關鍵在於找到你覺得自在、受眾也能產生共鳴的方式。所以，讓我們來探索最符合你特質的發表風格吧。

坦白說，我很喜歡「發表」這件事。但我也明白，不是每個人都這麼想，也不是每個人都願意照本宣科。有些人在鏡頭前會覺得不自在，有些人則在現場活動時如魚得水。如果你硬要用一種讓自己感到不自在的方法，最後只會開始逃避，然後什麼都不做，我不希望你陷入這種狀況。事實上，沒有一種發表方式適合所有人，但每種方法都建立在相同的基本原則之上。

當我們談論你的「發表風格」時，不只是指你的舒適程度，也是在談你是否能在框架內發揮創意。發表風格可以從極簡到招數盡使，範圍非常廣，重點是在這條光譜上找到屬於你的「甜蜜點」。

無論你的舒適度如何，我都建議你盡量保持簡單。為什麼？因為簡單才能促使你行動，而行動才能帶來學習。你發表的次數越多，就越能掌握如何定位你的提案、如何傳達它能帶來的轉變。

接下來，讓我們看看發表風格的兩個極端：「極簡式發表」與「百花齊放式發表」。

極簡發表

還記得索緒爾嗎？她用只有三百二十六人的小型受眾完成初始會員招募，這就是「極簡發表」的最佳範例。她只是在臉書上發了一則貼文，附上行動呼籲，邀請有興趣的人私訊報名。等有人回應時，她再發送付款連結。每次我分享這種做法時，總有人質疑，覺得：「這也太簡單了吧！」但這種方式屢試不爽。索緒爾那個週末就創造了超過五千美元的收入，沒有銷售頁、沒有銷售漏斗、沒有任何花俏設計。簡單、有效，證明「少即是多」。

再進階一點的做法，可能是設計一波電子郵件行銷活動，搭配多種訊息內容，外加一些社群貼文，讓成效更好。這同樣很直接，但你會發現，加入的元素越多，就越複雜。因此，保持簡單非常重要，特別是在初期階段。

百花齊放式發表

光譜的另一端則是「百花齊放式發表」，你會把所有招式都搬出來，包括線上研討會、影片、郵件、現場活動等。我在自己的「會員經驗」這個會員制度中，每年舉辦一場為期一週的大型發表活動，但要做到這個層級，需要時間累積經驗。我們一開始也不是這麼做的，而是邊做邊學。

讓我舉幾個成功案例，說明不同的發表風格。溫蒂．貝騰（Wendy Batten）的會員制度，是幫助油漆店零售商經營生意，這是一個極度利基市場。剛開始時，她的受眾只有四百五十三位油漆店老闆，她的發表活動只用了幾場臉書直播和幾封郵件，幾天內就迎來了五十九位初始會員，創造了兩千八百多美元的經常性收入。

斯嘉麗．考科藍（Scarlett Cochran）則是一位財富管理專家，她創立了「大開心生活」（One Big Happy Life）網站，並藉此推出了「財富創造者社群」，提供學員一套有結構的致富方法。她的第一次初始會員招募只對三百人發了幾封電子郵件，就吸引到三十名初始會員。幾個月後，她擴大規模至整個受眾群體，加入影片和線上研討會，如今會員人數已達數千人。

即使是《紐約時報》暢銷書作者克里斯．卡爾（Kris Carr）這樣的成功人士，也必須走出舒適圈。我鼓勵她多年，要她在發表活動中加入線上研討會，等她終於嘗試後，她的轉換率也大幅提升。

你的發表風格應該讓你覺得自在，從那裡開始，逐步加入新的策略，無論是影片、音訊、文字或直播，突破你的界線，可能會帶來驚人的成果，而你也可以隨時根據自己的舒適度，調整發表計畫和策略，同時仍能保持簡單與有效。下一章，我們將拆解具體戰術，幫你組合出屬於自己的完整發表上線流程。

第三十二章

十二種實證有效的會員成長推廣策略

那麼，實際上你該怎麼推出會員制度？你現在已經了解五個階段——連結、認知、渴望、購買和驚喜，也知道發表規模可大可小，現在是時候深入探討那些能夠激發熱度、教育受眾並成功銷售會員方案的具體策略與實用方法了。這些策略主要會在認知與渴望階段實施，但你也可以在大型發表活動之間穿插一、兩個策略，帶來一波銷售或現金流的小高峰。

想像你的發表活動是自助餐廳，有各式各樣的選擇。如果你要辦一個盛大的「百花齊放式發表活動」，也許會選六種不同的「菜色」（策略／方法）；如果是「極簡式發表活動」，可能只選兩、三種。這就是最有趣的地方。我們先來盤點你的選項，找到最適合你和受眾的組合。沒有一體適用的答案，一切取決於你的具體情況、發表風格和資源。如果你是獨立創業者，可以保持簡單；如果你有團隊或助理，可以嘗試更豐富的「食譜」。

- **初始會員招募：**記得嗎？我們在第十六章介紹過了。這是你的首次發表，也是讓會員制度順利起步的最簡單策略，因為只需要準備一則精心撰寫的訊息，就能透過社群媒體、電子郵件，甚至影片或音訊分享出去。

● **限時快閃促銷**：那麼，在大型發表活動之間的空檔該怎麼辦？要如何保持動能不滅（並大幅提升每月收入）？這時就可以用限時快閃促銷，它就像是一波小型的熱潮，瞬間炒熱氣氛。假設你已經有一份迫不及待入會的等待名單，這場促銷的做法只要針對他們發送私人邀請，如果他們造訪你的主網站，會看到會員招募已經結束，但因為他們在電子郵件名單上，就能獲得專屬的註冊機會。通常註冊期限非常短（約一至二天），整場促銷完全透過電子郵件進行。你用專屬優惠打動他們，讓他們難以拒絕。

之前提過的帕里就常使用限時快閃促銷，每次都能穩定吸引三百到五百位新會員。一次簡單的電子郵件促銷只需要三到五封信，第一封信要在開放前幾天寄出，後面幾封則要更明確地引導他們前往註冊頁面。最棒的是，你每次要做限時促銷時，都可以重複使用同一組電子郵件行銷內容。

● **試用方案**：試用就是讓人用非常、非常低的價格（例如一美元）體驗你的會員方案。一般來說，這類試用期很短（一到二天）。這種方式聽起來很吸引人，也可能很有效，重點是要小心操作。試用期有好有壞，可能會吸引更多人加入，但也要做好流失率偏高的心理準備。可以把它想成一段短期關係——有些人會留下來，但如果會員制度定位不明確，許多新會員很快就會離開。話雖如此，試用仍然是有價值的，尤其在公開推廣活動結束後，針對那些一開始沒註冊的人，試用可以作為補救措施。

舉個例子，某次我們在與海亞特的平台大學（Platform University）進行重新推廣活動後，決定針對在推廣期間沒有購買的人推出試用方案，結果迎來了大約七百位新會員，而在試用結束後，有四百人選擇留下。對我們來說，這是一個巨大的成功，因為這四百人原本決定不加入，但因為我們提供了試用，他們有機會親自體驗會員制度的價值。只要讓人們先嘗一口，他們也許就會愛上你的服務。

凱莉．泰伊（Kelly Tay）創辦了「有料育兒」（Juicy Parenting）會員制度，幫助亞洲父母擺脫傳統的舊式管教方式，她也曾做過類似的事情。泰伊的試用活動有一百二十五人參與，有八十人最終轉為付費會員，轉換率達到六四%。這招確實有效，只要你確保提案定位正確。

- **長青型推廣**：這種方式讓人們隨時都能加入會員。舉例來說，你可以在臉書上投放廣告，引導人們參加一場網路研討會，在研討會中，再提供人們加入會員的機會，而這個長青漏斗全年無休運作，像是你主要推廣活動的輔助工具。如果人們造訪你的主網站，會發現不能報名；但若他們是透過這個長青漏斗進入，就會進入限時開放的報名期，透過專屬連結完成註冊。

　　長青型推廣策略威力強大，但我建議你等到會員制度成熟，通常是達到兩、三千人的規模時再來考慮。原因是這種推廣方式需要更多廣告投放，而你的行銷訊息必須非常精準，否則廣告投資難以回本。但只要一切都精準到位，長青型推廣就能成為最有效的利器，讓會員人數從幾千人提升到幾萬人。

- **聯合推廣（Joint Venture，JV）**：你現在應該很清楚，最快建立名單的方式，就是在其他人的受眾面前曝光。現在你會再次用到這個方法。快速擴大規模的最佳方式，就是所謂的「聯合推廣」，也就是讓聯盟夥伴幫你推廣，如果他們的受眾因此購買，就能獲得佣金，佣金通常是每月二〇％到三〇％的分潤。因為這些策略夥伴能在你的發表活動中賺到錢，就會有動力幫你推廣，等於你擁有虛擬的銷售團隊。這可以是一次性推廣（例如用他們的名單發一封電子郵件），也可以是其他推廣活動的一部分，讓聯盟夥伴將他們的受眾導流到你的會員制度。以下是一份簡單的檢查清單，可以協助聯盟夥伴，讓你們能更順利地進行聯合推廣：
  - 幫他們做好規劃。提供推廣日曆，讓夥伴能輕鬆將你的活動排進他們的行程。
  - 提供充足的工具與範本。製作電子郵件範本、社群貼文範本等，任何有助於他們幫你推廣的素材。

- 經常溝通。定期主動與夥伴聯繫，隨著發表活動階段加強溝通頻率。

- **挑戰活動**：挑戰活動是在開放購買前激發熱度的絕佳方式。它會引導人們踏出第一步，體驗一個小轉變，為後續「成功之路」的重大改變鋪路。挑戰活動通常為期三到七天，能在正式開賣前創造動能，重點是幫助人們實際體驗通往最終目標的「第一步」。例如，如果你的會員制度與運動相關，挑戰可以是連續運動五天，或是一週內每天都到戶外活動。你希望參與者在完成挑戰後感受到動能，並在挑戰結束時，邀請他們加入會員，繼續這股成長的動力。

- **教練週**：教練週是由我的社群成員威廉斯所創的新做法，這是一種更具互動性的活動，涵蓋教學與輔導。一般來說，你可以教授幾個核心課程，然後引導參與者完成會員方案中的某個流程，例如你可以教參與者達成「成功之路」的某個小里程碑。整個教練週期間，你會持續提供加入會員的機會，這與挑戰活動類似，不過，最大的不同在於「你」會投入更多心力教學與帶領參與者，並在團體環境中和人互動。

凱伊的教練週收費十美元（這筆費用可用來支付廣告支出），而她提供的誘因是：加入會員後，這十美元可折抵第一個月的費用。

- **影片系列**：這個做法是我的好友沃克發揚光大的。這個系列由三部影片組成，可以用來引導受眾理解這個機會，知道他們可以採取的第一步，以及對你的「成功之路」有更高層次的概觀。這些影片通常會引導觀眾進入一場線上研討會，而你就在那場研討會中提及你的會員制度。記住，你在這三部影片提供的價值越多，就會有越多人想加入你的會員。每段內容都要像沃克說的那樣，強調機會和轉變。

多年來，我的團隊和我一直使用這種方式，效果也很成功，不過在新冠疫情期間，我們發現預錄影片的語調與當時的世界氛圍不太契合，因此我們做了變化，調整內容並改用直播形式。出乎意料的是，轉換率反而更高。因此我們發現，對我們來說，現場直播甚至比預錄影片更具成效！

● **直播活動：**直播可以徹底改變你的成效，能營造出急迫感、真實感和互動感，但也會帶來壓力，因為幾乎沒有犯錯的空間，如果搞砸了就無法回頭。你可能不會想在第一次發表就直播，會等累積一些經驗後再嘗試。但我仍鼓勵你越早開始越好，你可以先從直播問答開始。對某些受眾來說，直播的效果更好，而唯一能知道是否有效的方法就是親自試試。這個策略的核心，是將你本來會用在預錄影片中的訊息，改用直播來呈現。

● **網路研討會：**網路研討會是整合所有元素，提出你的會員方案的完美平台。長久以來，網路研討會都是在開放購買期間快速累積動能的有效工具，也是讓觀眾轉換為買家的好方法，因為可以在短時間內傳遞大量資訊。當你把資訊和互動結合，更能激勵人們採取行動——尤其是在最後提出整個會員制度時。這種方式經過無數驗證，非常有效。我的好朋友羅素・布諾松（Russell Brunson）就非常擅長這種方式，如果你搜尋他的完美網路研討會，就能找到相關範本。

- **社群媒體**：運用你的社群平台來溝通、營造期待感，讓人們對你的發表活動感到興奮。你所使用的每個平台，都應該保持一致的發表訊息。
- **付費廣告**：付費廣告可以成為推動發表活動的強大助力，幫助你觸及更廣泛的受眾。但請確保你的廣告訊息與整體發表策略一致，避免讓人感到混亂。

這裡補充一句：我看到很多創業者和行銷人強調他們只靠自然流量。別誤會，自然流量很好，但我們想要利用所有資源。如果花一美元打廣告，能吸引一個付你兩美元的顧客，你會怎麼做？你會一直做，對吧？我的意思是，廣告是可以強化原有行銷效益的極佳手段，觸及更多人。當然，它有學習曲線，也有許多精於此道的專家能教你怎麼做。但當你知道自己擁有很棒的產品，能真正服務你的顧客，不妨考慮用付費廣告作為助力。

總結來說，你手上已經擁有一整套策略和工具，每一種都在你的行銷工具箱裡。如果你剛起步，初始會員招募是你的首選；若正在成長階段，可以將其他元素納入下一次的推廣和發表活動。試用方案很吸引人，但要注意流失率，並設定正確的期待值。如果你已經走得很遠，可以開始嘗試長青型推廣策略。

我知道，在你成功吸引這些出色的會員之後，一定會想知道如何讓他們長長久久地留下來。這正是接下來要談的主題，還有更多精彩內容等著你。

行動步驟

一、選定價格，打造無法抗拒的會員制度。

二、依據七個關鍵問題，建立你的銷售頁面。

三、決定你的行銷計畫：開放式或封閉式？

四、決定你的發表風格。你是極簡風，還是百花齊放風？也許在不同時期會有不同風格。

五、哪些推廣策略和方法最吸引你？在你的首次發表活動中挑選幾種來嘗試。

第五篇

留住會員——讓會員終身價值提升三倍

現在你已經擁有一群優秀的會員，接下來的問題是：要怎麼讓他們每個月都持續滿意、持續付費呢？只有會員願意留下來，經常性收入才會不斷累積。許多人在這一環節掉以輕心，實際上這正是你最需要保持警覺的地方。很多經營者只專注於吸引新會員，卻忽略了讓現有會員保持開心（並願意續約），這樣雖然會有高註冊率，但也會有高流失率。

希望你現在已經發現，我們前面談過的很多內容，都與留住會員息息相關。像是「成功之路」、讓人快速獲得成果、內容設計等等，都會影響會員的體驗和滿意度。在第五篇，我們將更深入探討：讓人們持續感受到進步，並對下個月內容充滿期待的技巧。

我們的重點可以歸納成兩大目標：促進內容的使用和社群參與度。我們將探討與社群、內容、溝通及定價相關的策略，以及這些策略如何提高留存率。我們也將討論導入的重要性——會員對該方案的第一印象，會大幅影響他們的觀感與終身價值。最後，我還會分享如何管理會員成長，因為我們都知道會員事業要做到多大，全看你自己。

繫好安全帶，跟我一起進入留住會員的世界。別忘了，我們所做的一切，都是為了讓會員持續獲得美好體驗，這才是最重要的。我們開始吧！

第三十三章
提升一%留存率，解鎖驚人利潤

如果你還不相信留存率對會員制度的成長有多重要，那就想想這個問題：如果留存率只提升一%，能不能就讓會員制度從勉強生存變成一飛沖天？我告訴你，可以！

我一定要大大讚揚帕里，他讓我們會員界更重視這個關鍵。他加入我們的社群多年，而這個社群之所以了不起，就是因為我們一起互相學習成長，分享彼此的知識，而他對留存率的見解，完全翻轉了遊戲規則。

有一次，帕里分享了他的會員制度，收費是每月三十美元，起初有一千名會員，每月新增一百名會員。接著他展示了留存率從九〇%到九八%的成長曲線，而留存率帶來的會員成長差異令人瞠目結舌。九六%和九九%的留存率有什麼不同？會員人數可能翻上四倍。只要留存率提升幾個百分點，營收就可能增加三倍。

你現在可能會想：「這怎麼可能？增加一%真的有那麼大的影響嗎？」這是很簡單的數學

問題。我們第一個想達到的門檻，是九〇%的留存率，但每多一個百分點，對你的會員制度來說，都是一個火箭加速器。

在 predictableprofitsbook.com 上，你可以找到一個實用的會員計算機，幫助你把留存率的影響視覺化。它會考慮你的定價、起始會員數、新增和流失人數等等變數。

但重點是：留存率很重要，你必須高度專注於這個指標。它是隱藏寶石、黃金門票，無論你怎麼形容它，它就是你會員制度成功的必備要素。在接下來幾章，我們會動手實作幾個實用策略，幫助你有效提升留存率。

所以，這裡有個作業：去看看那個計算機，開始計算自己的數據。如果你的留存率只提升一%，你的月收入會增加多少？然後，我們再探入討論要如何做到這一點。

第三十四章
提升留存率的內容策略

許多年前，我剛從大學畢業，正想學習如何打造人生第一個事業，也就是演講事業。那時我會到高中與大學巡迴演講，分享勵志內容。

老實說，我對於如何創業一竅不通。所以我參加了約翰・契爾德斯（John Childers）主持的研討會，他專門教人如何發展演講事業。而我就像一塊海綿，把他分享的所有內容都吸收了。活動結束時，他開放大家加入一個會員制度。這個會員制度解決了我們許多人一直以來的難題──我們需要額外的產品來打造一場演講。

加入會員後，契爾德斯會提供我們一些主題的書籍，這些主題幾乎每位講者都用得上（像是成功學和時間管理）。我們會擁有這些書的錄音權，可以將它們製作成迷你課程販售，或是納入我們自己的演講加購方案中。這真是絕妙的點子，能立刻幫助我們提高每場演講的收費。我非常想加入，也想了很多方法可以利用這些素材，強化我的演講。但會員收費相當高，每月大約三百美元。你要知道，那時我大學剛畢業，幾乎身無分文，這對我來說是一筆很大的投資。

這時我想出一個簡單的計畫：我打算只加入一個月，拿到一本書後就退訂，這樣就足以製作一堂語音課程，提供給我的顧客。所以我刷卡註冊了會員，果不其然，他真的在第一個月寄來第一本書，但他還額外送了一點驚喜——第二本書的第一章到十二章。

他在第一個月就提供了一本半的內容，超額履行了他每月一本書的承諾。但你猜，接下來發生什麼事？我心想：「現在我只有第二本書的一半內容，好吧，我再撐到第二個月，就可以拿到第二本書的後半段了。」但第二個月，他除了提供第二本書的後半段，還有第三本書的前半段。太高明了，我被套牢了，我怎麼能只拿到半本書呢？

我就這樣月復一月地留下來，因為心理上，我必須把那個循環補完不可。契爾德斯精彩地示範了如何透過內容，讓會員持續黏著不走，成功提升留存率。你也可以用各種方式做出類似的效果——接下來我們就要深入講解這些方法。

重疊內容

契爾德斯每個月寄出半本書的做法，就是「重疊內容」的好例子。你也可以用同樣的原則來設計課程或教學內容，再跨月分重疊送出。舉例來說，你可以設計一個兩部曲的訓練課程，第一部分在第一個月發送，第二部分則在第二個月。懂了嗎？這樣一來，只拿到第一部分時，會感覺課程「不完整」，這會讓他們想要更多，因為它會開啟一個循環，鼓勵會員留下，而不是在最初幾天後就退出。

聚焦快速成果

另一個強大的策略是聚焦快速成果。我們前面已經多次提到這點，當有人加入你的社群，你要如何幫助他們快速取得成果，好讓他們產生一點動能？越早體驗到成果越好！在我的「會員體驗」課程裡，每當有人完成他們的初始會員招募，你都能感覺到他們的動力，那是一種令人興奮、具有感染力的氛圍。在你的會員制度中，有什麼事是你能帶他們一步步完成、好幫助他們盡早獲得成果的？可能是一項任務、一張工作表、一個專案，或是一個里程碑。保持簡單，一旦他們做到了，也別忘了為他們慶祝！

儀式性內容

儀式性內容是以定期、固定形式發表的內容。如果你經營podcast，但不再定期更新了，聽眾可能會主動聯繫你。我自己就經歷過，我原本每週固定播出兩集podcast，後來無預警暫停，結果立刻就收到許多聽眾的訊息，因為我已經成為他們每週散步、開車、打掃等日常儀式的一部分。會員網站也是一樣的道理，如果你固定時間發表內容，就能讓整個會員制度建立起節奏感。他們會圍繞你的內容，建立起每日的消費習慣，這正是讓會員不願離開的關鍵。

讓內容方便取得

每個人的學習方式不同，而不同的方式能讓更多人接觸到你的內容。請考慮這一點。提供文字、語音和影片版本的內容，讓大家可以自由選擇。此外，一定要加上字幕。根據最近一項研究，將近九二%的人表示，他們用手機看影片時會關靜音。如果你沒考慮到這一點，就會錯失與大量受眾互動的機會。如果人們無法使用你的內容，就很難從中獲得價值；如果他們無法獲得任何價值，就會離開。有些人偏好閱讀，有些人喜歡聽或看，所以請讓他們能用自己最順手的方式接收內容。

讓內容易於搜尋

如果會員在你的網站裡找不到需要的內容，他們會感到挫折，甚至離開。這也是我在打造Membership.io時，特別強化搜尋功能的一大理由。我們希望使用者可以用標題或描述進行傳統搜尋，同時也讓他們能夠在影片與語音檔中搜尋。換句話說，只要他們記得你說過某句話，輸入關鍵字後，系統就會直接帶他們跳到影片中那句話的時間點，如此能讓人們輕鬆找到他們想要的特定內容。當你讓會員更容易使用你的內容時，就會有更多人使用！

讓會員參與創造

讓會員幫你一起創造內容，這正是初始會員招募的主要優勢！會員通常很樂意透過回饋來參與創造內容。我們多次透過問卷調查，邀請會員貢獻他們一年來最實用的策略和經驗，例如最佳留存策略、行銷策略或社群經營策略，然後再將這些內容整理成指南。你也可以這麼做。

善用集體智慧，為整個會員制度打造寶貴資源。

驚喜與小確幸

我也鼓勵你為會員安排一些不同的「驚喜與小確幸」，可以是出其不意的好康、小禮物或隱藏價值。例如，布諾松會寄出一大箱行銷書籍和好禮給他的會員，我們社群中也有人會在關鍵時機（通常是在第一個月續訂後）即時提供贈品。我們也曾在內容中設計隱藏「彩蛋」，讓會員只有在觀看特定內容時才會發現驚喜。對了，會員發現這些驚喜後，會立即產生正向回饋，而且很多時候，他們還會立刻和別人分享！

這些驚喜也可以是有趣的體驗。以註冊流程中最「無趣」的部分為例，我們要如何讓這段過程變得有趣又讓人難忘？我鼓勵你造訪predictableprofitsbook.com，上面能看到過去錄製的感謝影片範例。我們不只是錄個「感謝加入」的制式影片，還花心思讓感謝影片變得有趣且難忘。而這些驚喜經常會讓會員主動在社群裡（有時也會在社群外）討論你、讚美你。

要用心設計這些驚喜，盡量不要讓它們變得可以預測。你能提供什麼他們意想不到的內容？你要怎麼超出他們的期待，讓他們眼睛一亮？你可以加入哪些沒在廣告裡的福利，讓人會在過程中不期而遇？這是件有趣的事，也是讓會員感受到你關愛的絕佳方式。

工具與軟體

我第一家軟體公司的第一位顧客是AJ．布朗（AJ Brown），他創立的會員制度是幫助股票交易者。交易過程中有個步驟通常需要耗費交易者大約二十分鐘，但布朗開發出一套軟體，可以將時間縮短至二十秒，但人們唯一能使用這個軟體的方式就是加入會員。所以很多時候，人們是衝著這套軟體而加入，它也成為會員留存的重要關鍵，因為人們使用這個工具能節省大量時間，而不願意退出。

我最近也加入一個會員制度，其中吸引我加入的一大原因，是它提供一個資料庫，裡面整理了上千部熱門影片的研究分析，讓我製作內容時可以參考。當然，我也可以自己做研究，但這個資料庫幫我節省了大量時間，而且它還會持續更新。

那你呢？你是否也能開發出只有會員才能使用的工具或資源？你用工具或資源簡化了哪些繁瑣的流程？

現場內容

現場內容不只讓你有機會加深與會員之間的關係，同時也能促進會員間的連結。這些內容可以是線上會議或網路研討會，讓會員在分組討論室中互相幫助、交流互動；也可以是會員間的實體聚會。例如，維多莉亞．布萊克（Victoria Black）和金恩．戴維森（Gen Davidson）在她們的「超快塑」（SuperFastDiet）會員制度就這樣做了，讓女性會員一起努力減重，相聚交流，打造了非常特別的經驗。斯諾登也曾舉辦一日工作坊，讓會員一起完成某個藝術創作。海蒂．伊斯利（Heidi Easley）每年都會舉辦會員盛會。藉由共同創造回憶，能讓會員之間建立更深厚的情感連結。

要如何讓你的現場內容更具體驗感，讓人每次都想參與？你可以從音樂會、戲劇表演、現場研討會或會議等活動汲取靈感，思考這些體驗中交織了哪些不同元素。你要如何讓人不只是因為學習而參與，而是為了他們即將擁有的體驗？當然，如我之前所說，你也可以將這種現場體驗，融入臨時聚會或小型活動中。

如你所見，有許多內容策略可以提升會員留存率。我鼓勵你勇於發揮創意，並樂在其中。

但別忘了，最重要的是讓人使用你的內容。內容使用得越多，會員學到的越多，也會進步得越多。接下來，我們要聚焦在能進一步提升整體留存率的「溝通策略」。

讓他們上鉤

第三十五章

提升留存率的溝通策略

溝通是維持會員參與及承諾的最佳利器。它是會員制度的核心，也是讓社群蓬勃發展、緊密連結的方式。

我想先破解一個關於溝通的常見迷思。有位客戶曾請我協助提升會員成長，他們說：「我不太跟會員溝通，因為溝通時都好像在提醒他們自己還是會員，結果就出現一波退訂潮。」這讓我大吃一驚，怎麼會因為溝通導致退訂呢？那一刻我就知道，他們真的需要我的幫助！

事實上，問題根本不在於溝通本身，而是更深層的原因。如果會員因為收到你的訊息而選擇退訂，這代表存在更大的潛藏問題——他們沒有參與感、沒有看到價值，或根本沒有在使用你的會員服務。

我們最不想看到的情況，就是會員忘了他們自己加入了這個社群，而且我們也一定不希望他們想起來後的第一反應是：「我該退訂了。」**關鍵在於，你必須主動讓會員保持參與，這樣你與**

他們接觸時，他們會想起自己得到的價值、他們的旅程，以及他們已經進步了多少。

接下來，我們會深入探討幾個溝通策略，幫助你讓會員始終充滿熱情、持續投入。

每週持續溝通

最基本也最重要的是，與會員建立規律的溝通節奏，我建議至少每週溝通一次。就像是你會在特定時間收看自己喜歡的電視節目一樣，這能為會員建立預期心理。他們會期待你的訊息，知道你一直積極與他們互動，卻又不會讓他們的信箱被訊息淹沒。每週溝通內容可以包括以下幾項：

一、**分享新內容**：讓會員知道會員專區有什麼新東西。

二、**精選社群討論**：挑選有趣或熱門的話題，鼓勵大家參與。

三、**慶祝成就**：表揚會員達成的里程碑或成就，正向鼓勵的力量非常大。

預告即將推出的內容

想想那些讓人一看就停不下來的 Netflix 影集，它們通常都會在結尾留下懸念，讓你迫不及待想看下一集。在會員制度中，你也能創造類似的期待感。預告即將推出的內容，能激發會員的興奮與期待。這種「預期心理」就像磁鐵一樣，吸引會員持續參與、不願錯過任何新內容。

現場活動或聚會

如果你規劃了任何實體或現場活動，一定要用充滿熱情的語氣告訴會員。如果你自己都不興奮，怎麼能期待會員感到興奮呢？這類活動是與會員建立更深連結、提升整體會員體驗的絕佳機會。你可以為活動營造期待感和神祕感，並且提早且頻繁地分享相關細節，把這當作一場發表會，目標就是吸引會員參加。

策略性安排自動回覆信

隨著會員數成長，你會發現會員常在某些特定時間點流失。找出這些流失高峰期，並預先設計策略性的自動回覆訊息來主動介入。在會員成長時，你就可以開始追蹤會員最常流失的月分，例如他們是在第一個月後馬上退訂？或第五個月？確定這些流失高峰期後，就在流失前主動發送訊息。這些自動回覆信可以包含驚喜福利、專屬優惠，或是再次提醒會員可以獲得的價值，你也可以針對多數會員在特定階段常遇到的問題給予協助。這些自動回覆信會在你背後默默運作，重新喚醒會員的興趣，讓他們持續前進。

有創意的溝通形式

採用一些另類的溝通方式，能讓你脫穎而出。你可以考慮寄送實體包裹給會員，在數位時代，收到實體郵件非常罕見，因此當會員收到實體的東西，都會帶來衝擊，無論是明信片、信件或帶有小驚喜（如貼紙）的包裹，都會讓人感受到人情味，也能提升會員價值感。

另一個強大的方法是直接打電話給會員。雖然隨著會員數增加，這種做法可能不再適用，但在經營初期，這是建立個人連結的絕佳方式。即使規模擴大後，也可以挑選部分會員進行電話聯繫。此外，不要低估簡訊、影片或語音訊息的影響，同樣能讓會員一天的心情變得更好。我們團隊甚至會安排特定時間，由我或其他成員主動發送個人化訊息給剛加入的新會員，或是那些一段時間沒登入、可能快要退訂的會員。

無論哪種形式，目標都是與會員建立更深的關係，提升他們對社群的認同感與參與度。不要害怕與會員對話，他們其實很期待收到你的訊息！因此請善用有效的溝通方式，持續與會員保持對話。

第三十六章

最強大的會員留存定價策略

現在，是時候來談談其中一種最強大的留存策略了：會員定價。

想像你剛開始經營會員，你的初始會員招募價格是每月二十美元，這個超值價格很容易吸引到早期會員，但如果你在一週後決定將價格提高到每月二十五美元，會發生什麼事？這些初始會員仍然可以享有專屬的每月二十美元價格，更棒的是，只要他們維持有效會員身分，就能一直以這個價格續訂。

我曾經有一個會員制度也是從每月二十美元開始，之後調漲到二十五美元，後來漲到三十美元，最後達到每月四十七美元。但那些當初以初始價格二十美元加入的早期會員，無論我怎麼調漲，他們都是維持二十美元。你能想像他們的感受嗎？他們會覺得自己撿到了世紀好康，事實上也確實如此。初始會員的優惠價格，成為一種非常有效的留存策略，因為沒有人想放棄一個隨著時間越來越划算的超值交易。

從低價開始，然後隨著時間逐步提高價格。每一次調漲，都是一個行銷機會，讓你可以大聲宣傳：「在某日前加入，就能鎖定這個優惠價格，只要你持續續訂，就永遠享有這個價格。」這不僅是強大的行銷手法，能吸引新會員加入，也會讓現有會員更有動力留下來。

最後一個小提醒：別忘了提醒會員，他們已經鎖定多麼超值的優惠，每個月都在省錢。不要讓他們忘記這一點。如果他們真的決定退訂，也要提醒他們未來無法以這個價格再次加入。人們不想錯過好康的感受，本身就是一種留存策略。

在整個留存策略的大拼圖中，定價是一位無名英雄，但你絕對不該忽略它。從低價開始，策略性地調漲價格，並獎勵那些最早相信你社群的人。你對會員留存的重視，終將帶來回報，而每提升一個百分點的留存率，都能對你會員制度的獲利產生重大影響。

第三十七章

提升留存率的社群策略

一個社群的核心在於讓人們持續使用你的內容，並彼此互動，這兩方面做得越好，留存率就越高。本章，我們要戴上實戰思維的帽子，一起來探討那些能讓會員開心、並像老朋友一樣長久留下的策略細節。

- **社群儀式**：就像我前面提供的內容策略一樣，你要創造讓社群成員一直想回來的儀式。規律地定時發表內容；舉辦社群聚會；為社群建立節奏感，讓這些互動成為習慣，甚至可以簡單到每個影片都用同樣的開場，或設計固定體驗。

舉例來說，以前有部美劇《歡樂酒店》（*Cheers*），每集開頭都有熟悉的片頭曲（如果你曾經聽過，現在腦中可能已經響起旋律了吧？），那就是一種儀式。在那部影集中，每次主角走進酒吧，大家都會齊聲大叫他的名字「諾姆」。那也是一種儀式。

在你的會員制度中，你可以在每次線上活動都玩個小遊戲或民調，或每週設計一個主題（例如「回饋星期五」或「聚光燈星期天」），也可以是在某個會員達成一定的里程碑後，用特定方式慶祝。重點是，要持續地做。

- **內部語言**：內部笑話可以變成會員文化中巨大、重要且有趣的部分，創造會員的歸屬感，就像一種會員才懂的祕密。這些話語會成為社群語言的一部分，強化「我們是一個很酷的社團」的感覺，讓大家更想留在這裡。
- **社群識別物**：像帽子、T恤、馬克杯、手環等，任何能讓會員感到自豪的東西，都能成為歸屬感的象徵。這些周邊商品不只是歸屬感的象徵，還可以結合公益，把銷售所得捐給慈善機構）。我們每年都這麼做，社群會員也都很喜歡。還有一個額外的小技巧：你可以設計每年限定的「收藏品」，讓資深會員能自豪地展示他們的忠誠！
- **歡迎小組**：你是否曾走進一個房間，因為不認識任何人，而感覺自己格格不入？這種感覺有點可怕，我也有過這種感覺，那時全家從英國搬到加拿大，我剛上二年級時，害怕地踏進新的國家、新的學校。然後一個名叫麥特的好心男孩走過來跟我打招呼，我告訴他自己誰也不認識，他說：「沒關係，我來當你的朋友。」至今我都忘不了這件事，麥特和我也仍是好朋友，他還是我婚禮上的伴郎！以熱情的老會員成立一個歡迎小組，讓新成員感到賓至如歸。
- **參與積分與排行榜**：你可以為觀看內容、登入或完成某個單元等行為設計得分機制，讓過程變得有趣，讓人更想參與，還可以用排行榜製造一點友善的競爭氛圍。你也可以設計徽章、挑戰或競賽，或任何能讓會員有努力的共同目標並彼此連結的活動。你可以手動記錄這些活動，但若是會員數擴大，我鼓勵你考慮使用像 Membership.io 這種平台，它內建這些功能，並能在會員完成特定行動時自動頒發徽章。

- **責任夥伴與小組制度**：在社群中建立責任夥伴和小組制度，是一種很強大的方法，可以讓會員互相督促，也能在團體中建立更深刻的關係。
- **會員名錄**：建立一份會員名錄，讓社群內的會員能看見彼此，他們可以搜尋附近的人、有共同興趣的人，或是處於相似階段的夥伴。我們甚至利用名錄促進有意合作的會員交流。
- **會員聚光燈**：定期聚焦不同會員，這是幫助大家彼此熟悉的另一種方式，也是建立連結的機會。有時候我們會在直播時分享，有時是在每週通訊中介紹給所有會員。這能讓被聚焦的會員感覺受到重視，也常促成會員彼此的交流。
- **分享成就**：設立專區讓會員分享勝利，慶祝大家的成就。或許你可以設計每週貼文、論壇專區或討論板。我們在直播時也會分享成就，可以藉此鼓舞人心。成就很棒！我們都熱愛成就！所以要設法讓每個小勝利，成為值得慶祝的大事。
- **年度頒獎典禮**：考慮舉辦一年一度的頒獎活動，表彰會員的成就。這是一個既有激勵效果、又能彰顯成就的好方法，而且還充滿趣味性。我們會為不同表現設計專屬獎項，例如，我們有個「一起更好獎」，每月頒給最常幫助他人的會員；還有一個最特別的獎是「影響力獎」，每年只頒給一位透過非營利組織或機構，在社群造成巨大正面影響的會員。第一屆得主是凱西·霍普（Kasey Hope），每增加一位會員，她都會捐出一份餐點給宏都拉斯的孩子。這就是影響力！你也可以仿效，為你的社群打造這樣有意義的榮譽。

雖然這些策略都很有力量，但你不必一次全部實施。挑選最適合你的幾項，從最簡單的開始。會員留存是多種因素累積的成果，不只是單一策略。而且，你可以改造每個點子，創造屬於你自己的版本！這些策略只是跳板，你完全可以隨心所欲地發展。

PEOPLE COME FOR THE CONTENT AND STAY FOR THE COMMUNITY

人們為了內容而前來，為了社群而留下

第三十八章

如何在前三十天，讓會員終身價值提升三倍

當新會員剛加入社群時，通常會帶著緊張又興奮的情緒。他們可能還不認識任何人，因此你的工作，就是從一開始就讓他們感覺受到歡迎，並且立即引導他們與其他會員互動，同時投入你的內容之中。

加入會員的正面體驗可能來自多種因素，例如建立人際連結、獲得頓悟時刻，或體驗到小小的成就感，但現在，我們先聚焦在「連結」因素。以下是你可以採用的幾種策略：

- **製作感謝影片**：我之前提過這點，但我認為這支影片能深刻影響會員對整個會員制度的看法與認知。影片的本質是感謝對方加入，但有個更大的機會在於，你用這支影片開始為你的社群定調。你可以在影片中傳達社群的氛圍，讓他們融入社群文化中。花點心思讓這支影片充滿吸引力和創意，明確說明你希望會員如何參與、如何體驗你的會員方案，你要他們有什麼想法和感受？用這些想法和感受來架構他們的體驗，這也是一個很棒的機會，提醒他們這個會員制

度的所有好處。

- **建立導入步驟與活動：**替新會員設計明確的導入流程，減少選擇，避免讓他們困惑或懷疑自己的下一步。導入有幾種方式和流程，但重點是每個步驟都要清楚、合理地導向下一步，並讓會員能用實際可行的方式完成整體流程。你不希望讓新會員在沒有適當說明的情況下，就能進入所有區域，這只會讓人感到無所適從。你一定要讓導入過程順暢，例如，我們的四步驟導入流程包含：設定個人資料、設定密碼、導入調查和歡迎影片，完成一個步驟才能進行下一個。這可以確保新會員在導入流程中，看到我們要他們看到的內容。
- **歡迎活動：**我超愛這招，而且每次都全力以赴！我們在報名截止後，舉辦了線上歡迎派對，氣氛超嗨。我鼓勵你也這麼做，尤其是如果你採取封閉式行銷策略。這個活動要充滿能量，向會員預告即將體驗的一切，也教他們如何充分使用這個會員制度。你也可以邀請資深會員上來分享他們的經驗與成果。

可以前往 predictableprofitsbook.com 觀看我們社群的範例影片。

- **使用賓果卡：**設計賓果卡，讓新會員透過完成各種活動來保持參與度，並逐步建立成就感。這些活動可以包括導入步驟、參與討論團體等。想像一下理想會員在社群內會做哪些事，把最重要、最有參與感的項目放在賓果卡上，並設計獎勵機制，鼓勵他們完成。

- **鼓勵會員自我介紹：**你一定希望會員一加入就自我介紹，但這其中其實有一些微妙之處，可以讓自我介紹更有效。提供一個架構，讓他們回答特定的問題，這些問題應該聚焦於創造連結，例如共享的體驗或目標。讓每個人都回答同一組問題，例如他們是誰、有什麼興趣、為什麼加入社群。你可以將這作為他們進入討論區的第一步。
- **追蹤電子郵件：**發送後續歡迎郵件給新會員，這些信件可以包含社群的重要資訊、資源連結和後續步驟。我也會早早提醒新會員，將會員溝通專用信箱加入白名單，我們可不希望這些信被送進垃圾信件匣。
- **提供優質客服：**新會員一定會有問題，因此一定要有明確的客服管道，讓會員知道如何聯絡客服，確認他們能獲得需要的協助。我最喜歡的做法是運用內容資料庫，我們利用Membership.io這套軟體，讓會員隨時能透過「智慧對話」提問。這套軟體會搜尋我們的內容資料庫，找到與問題相關的資訊（可能是影片、podcast或問答資料庫），然後結合成一個完整的回答。我們甚至會在答案中標明引用的影片、podcast和問答，這大大改善了會員體驗，同時也讓我們的客服要求在一夜之間減少超過九成！結論就是，你必須讓人輕易找到所需的答案。

第三十九章

打造蓬勃社群的五大要素

讓顧客願意月月續訂的最佳方式之一，就是建立一個大家真正想參與的社群。當我剛開始協助人們經營會員網站時，我注意到那些擁有最高留存率的會員制度，幾乎都有一個高參與度的社群。那時我意識到——人們是為了內容而來，但為了社群而留下。蓬勃發展的社群不僅讓會員體驗變得更有趣，也讓會員在追求目標的路上前進得更快。

要打造一個充滿活力、參與度高且彼此支持的志同道合社群，絕對不是偶然。成功的社群是經過設計與用心經營的，以下是你應該具備的五個關鍵要素：

一、明確的目標

社群的目標是引導會員從目前的狀態（充滿問題與挑戰），一路走向理想未來（問題解決、技能提升或達到目標）。這就是我們的「北極星」。但重點是：我們不能只是說說就算了，我們必須不斷傳達這個目的。人們很容易失去方向、忘記初衷，尤其在遇到挫折或覺得落後時。我們的責任就是提醒大家：這是一段旅程，不是競賽，不要因為與他人比較而分心了。每個人都有專屬的成長路徑，我們要幫助大家專注於自己的「成功之路」，並認可自己的進步。正如我的朋友海亞特所說：「當人們失去『為什麼』，就會迷失方向。」記得，讓成員專注於他們的「為什麼」。

我們的責任就是提醒大家：這是一段旅程，不是競賽。

二、明確的文化

多年前，我們剛成立社群時，我既緊張又興奮。結果很湊巧，我竟然在大型宣傳結束後，安排了家庭旅行。建議你：別那麼做。總之，社群裡當時一片歡騰、參與度爆棚，我很想加入互動，不過我太太希望我放鬆，專心陪家人（當然完全可以理解）。但偷偷告訴你，我忍不住，因為我們的社群正興奮地討論史上最成功的推廣活動，我們也迎來了數千人加入社群。所以我常常在清晨家人醒來前偷看手機，以免被他們抓到。但在我瀏覽社群時，有個會員心有不滿，而且迫切地想告訴大家。我非常支持會員分享他們的想法，無論好壞，我也認為社群應該讓來自不同背景、不同經驗的人，都能安全地交流學習，這是很重要的。但問題不在於她說了什麼，而是她說話的方式無禮、不尊重人，甚至帶有攻擊性。

我立刻意識到這樣的情況不妙，必須盡快處理。這位會員極端的負面情緒和對他人的無禮態度，已經影響到那些原本熱情參與的成員，也大大削弱了新會員的正能量。從她對我們團隊的反應來看，我明白無論我們做什麼或不做什麼，她都不會滿意。因此，我請團隊全額退款，並立即將她移出社群。接著我親自聯繫她，告知我們的處理方式。你可以想像，她對這樣的處理也很不高興。但重點是：你必須守護你的社群文化。我希望我的社群是由一群友善、互相尊重、彼此協助、共同朝目標努力的人所組成的。

發生這件事後，我立刻意識到這同時也是一個契機。因此，在不透露任何人名或細節的情況下，我向整個社群上了一課，說明什麼是「不應有的行為」。此外，我也詳細說明了會員可以如何為自己、也為彼此挺身而出，進一步強化我們積極、尊重且互助的社群文化。

我們必須對自己想要打造的社群文化有極為清晰的認知。在我的公司，我們希望鼓勵大家積極參與、勇於走出舒適圈並付諸行動。我們的目標是營造一種進步文化，讓每個人都在會員旅程中不斷前進、落實下一步，最終獲得成果。你希望你的社群擁有什麼樣的文化？只有當你明確溝通並為此打下基礎，這樣的文化才會真正實現。

三、清楚的領導

帶領一個社群並非總是一帆風順。有時候，我們必須進行艱難的對話，處理衝突。即使感到不自在，我們仍需要挺身領導大家。一般來說，我是個樂天派，傾向避免衝突，但我仍會努力保持坦承，我們沒有答案時就說沒有，並參與那些棘手的討論。

我在經營會員社群過程中，遇過最困難的一次，就是我們討論「黑人的命也是命」（Black Lives Matter，BLM）的時候。大家對這個議題都有非常強烈的看法，任何相關的討論都會讓社群出現對立。有些人堅定地支持一方，另一些人則持完全相反的立場。我的社群經理夏娜和我連續好幾晚都熬夜討論怎麼解決這個情況。

後來，這個議題甚至變得非常針對個人，因為我兒子山姆就是在南非出生的。有些社群成員說出了非常傷人的話，說實話，我內心非常憤怒，甚至一度想要直接關閉整個會員制度。但正是在這種時刻，大家會期待我們展現領導力。這時候，我們要做的不是逃避問題，而是勇敢面對、給予討論的空間。因此，我舉辦了一場線上直播，讓社群成員可以聚在一起，聆聽各方的觀點。當時我非常害怕，完全不知道會發生什麼事，但我明白保持冷靜非常重要。我必須向整個社群示範，如何為討論創造空間，即使我不認同某些人的言論。

我也得到了我們社群成員金柏莉・麥考密克（Kimberly McCormick）的幫助，她現在已經成為我很棒的朋友和顧問。她協助調解了其他來賓之間兩極分化的意見，這讓我們有機會示範：即使討論非常艱難的議題，也能以非常尊重彼此的方式進行。

我並非認為不應該出現爭議性的話題，或是人們應該怎麼想才是對的，我是為了示範「如何」用尊重的態度，進行艱難的對話，即使彼此立場完全相反。這並不容易。當時我對那位女士針對我兒子和我們家庭的言論感到非常憤怒，但我必須保持冷靜。最終，這樣的做法帶來了長遠的好處：我們的社群展現出驚人的凝聚力。請勇敢承擔你的領導角色，親自示範你希望社群成員如何表現。

四、明確的規則與指引

明確的規則與指引對於一個運作良好的社群至關重要。它們為互動建立了架構，也有助於確保每個人對於適當行為有共同認知。最棒的是，這是你的社群，所以你可以制定規則，完全不需要為此感到抱歉。善用這些規則，塑造你想要建立的社群。

舉例來說，我們的社群不允許成員進行銷售，因為我們不希望這裡變成一個不斷推銷的場所，如果每天有成千上萬的成員都在賣東西，這對會員一點好處都沒有，也不利於促進連結與成長。所以，當你思考社群規則和指引時，請問自己：如果每個人都做這件事，會讓我們想要打造的體驗更好，還是變得更糟？從一開始就要清楚思考、明確溝通你的規則。

五、慶祝

當你的會員在這個充滿活力的社群中積極參與並取得進步時，你會希望將這些成果記錄下來，並大肆讚賞。這不僅僅是為了讓會員網站經營者賺更多錢，更是為了真正影響人們的生活。當會員回顧自己的成長歷程時，不僅會得到激勵，也證明了短時間內就能創造驚人成果。沒錯，我們又回到「故事」這個議題了，這些故事會成為吸引新會員的明燈。

重點是，當有人分享故事或成就時，一定要記錄下來。不管是截圖、下載還是儲存，總之要馬上行動，否則就會忘記。每年都建立一個專屬資料夾，來整理這些不斷增加的會員成功故事。隨著社群和故事的成長，你也許會需要更進階的工具，比如 Google 文件、試算表或資料庫來管理，目標就是追蹤這些故事，因為它們是你社群和事業的核心。關鍵在於建立一個流程，隨時捕捉這些即時的分享，方便日後回顧。相信我，如果你不這麼做，真的會忘記。有一套固定流程，將來要找這些故事就容易多了。

現在，來到有趣的部分了——善用這些故事，來推動你的社群和事業發展。在你的付費社群裡，慶祝會員的成功，並在每月問答中特別表揚那些有進步的會員，製造更多快樂時刻。在對外行銷時，也可以（經過會員同意後）將這些真實故事用於廣告中，讓外界看到，真正有人正在你的社群中獲得真實的成果，讓這個「卓越循環」更加完整。

從更個人的角度來看，這些社群故事不僅僅是為了他人，也可以成為你自己的力量來源和良好的提醒。在經營會員事業的過程中，常常會遇到成果不如預期的時刻，當我感到沮喪時，我會打開儲存會員成功故事的 Slack 頻道，讀一讀那些故事，回想我們社群見證過的那些驚人轉變。

當你與那些因你的幫助而產生的轉變產生連結，真的會很感動。這大大提醒了我們，為什麼要做這份工作，也讓我們重新專注於幫助會員實現目標。當你開始懷疑自己或質疑使命時，這些故事會成為你的燃料。在那些難熬的時刻，讓自己重振精神的最佳方法，就是回頭看看會員的成功故事。

好了，現在你已經建立了一個強大的社群，那麼要如何讓成員真正參與呢？下一章，我們就來談談這個問題。

第四十章

提升社群參與度的致勝策略

現在你已經成功在社群中建立了連結，接下來我們要討論如何激發成員的參與度，讓大家開始互動。

理想狀況下，社群參與會自然發生，你的社群也會自然而然地活躍起來。但如果不是這樣呢？如果社群的活力逐漸減弱，沒有你預期中的參與度呢？或者一開始就沒有點燃互動的火花呢？你必須意識到，這些情況都可能發生，而且這很正常。即使在你的社群充滿能量時，有策略地支持、鼓勵社群參與，還是很重要的。以下是幾個關鍵策略，幫助你推動社群互動。

你必須成為先行者

在任何社群中，作為領導者，你必須成為那個帶頭的人。你需要親自示範你想要建立的文化和參與度，特別是在初期，你必須更坦誠、更願意分享自己，並主動發起討論。許多「潛水」的成員其實都在等別人先行動，而這個人必須是你。隨著時間推移，你累積的動能將激勵社群成員跟著行動起來。

最好的例子之一，就是我曾經在社群裡分享自己在疫情封鎖期間的掙扎，那是我人生中第一次陷入低潮。每天早上送孩子上學、騎一小時飛輪，然後就整天坐在同一張椅子上，望著窗外一整天，這種狀態非常奇怪。更糟的是，我明知道自己心理有狀況，卻因為覺得丟臉，連妻子艾咪都沒說。過了幾個月，我才慢慢走出來。又過了一陣子，我決定把這段經歷分享給社群，大家給我的支持非常驚人。最棒的是，這也建立起一個舞台，讓其他人願意更深入地分享自己的故事。

如果你希望社群敞開心胸，但你自己卻閉口不言，就無法真正塑造出你想看到的行動。反之，如果你願意率先分享，就像是向會員發出一個公開邀請，鼓勵他們也這麼做。

重新點燃文化

如果你的社群已經經營一段時間，發現成員參與度下滑，那就是時候重新點燃社群文化了。擁抱社群的獨特元素，讓大家能看見它們，運用有趣的口號、內部笑話，或任何共同文化元素，重新連結成員。

以我們其中一個會員制度為例，我們可以感受到氣氛有點停滯，像是問答直播等活動的出席率也開始下降。於是我們回到原點，重新設計線上活動的內容。這也讓我們有機會將文化與價值觀（尤其是「好玩」這個價值）融入內容之中。最後，我們把原本每月九十分鐘的問與答，變成每季一次的全天活動。這樣的改變讓我們有更多空間發揮創意：我們加入了為會員製作的趣味廣告、團隊成員「演出」的內容、搞笑更新、現場互動投票、小測驗、抽獎活動等等。結果非常成功，社群成員都很喜歡，我們也立刻感受到社群的活力和文化又回來了。

表達你的關心

分享幕後花絮，展現你有多在乎社群體驗，也幫助大家理解這些努力背後的「為什麼」。這一點在你對會員內容做出調整時特別重要，你希望會員明白你做出這些改變的原因，以及這些改變對他們有何好處。千萬不要害怕做出改變，因為你的出發點是為了提升體驗。當你說明這些改變的理由時，也能讓大家看到你背後是經過思考的，代表你真的在乎。

重新連結目標

會員加入你的社群，是為了實現某個特定目標。但很常見的是，隨著時間過去，他們會逐漸與這個目標脫節。你可以透過舉辦各種活動（如挑戰賽、焦點討論、責任小組或主題座談），鼓勵他們重新找回自己的「為什麼」。如我們多次討論過的，打造一個進步文化非常重要，你可以為達成里程碑或目標的成員進行量化與獎勵，並鼓勵他們向社群分享自己的進步。

我發現，很多人其實不太敢分享自己的成就，因為不想被認為是在炫耀。所以，作為領導者，你能做的最貼心的事，就是主動替大家慶祝，讓他們不用自己開口。你要讓會員知道，這不是在炫耀，而是在激勵他人、展示可能性。讓你的社群成為一個安全的空間，讓會員能自在地慶祝自己的成功，並牢牢記住自己追求的目標。

實體活動與聚會

現場活動可以徹底改變社群的參與度。你可以舉辦大型現場活動，也可以辦簡單的在地小型聚會。這些聚會讓會員有機會面對面交流、分享彼此的經驗。協助同一地區的會員舉辦在地聚會，能進一步強化地方連結。嘉莉・格林（Carrie Green）在她的「女性企業家協會」就做得非常出色，她促成地區會員舉辦聚會，讓不同城市或國家的會員有機會聚在一起（即使她本人不在場）。你也可以這麼做。

這也是我推薦設立會員名錄的原因之一，我們使用 Membership.io 內建的會員名錄功能，讓會員能以多種方式彼此聯繫，包括搜尋住在附近的會員（會員可以選擇是否公開自己的城市）。我們也會主動舉辦聚會——有一年在英國倫敦，就有超過一百位會員出席並建立連結。沒有什麼比親自見面更能加深彼此關係，所以請主動尋找機會，促成這樣的交流。

尋寶遊戲與社群貼文

我們會定期利用尋寶遊戲或賓果卡，來重新點燃社群的參與度。麗莎・布萊滕費爾特（Lisa Breitenfeldt）就經常在她的「地理藏寶」（Geocaching）會員制度中這麼做。這個市場對我來說原本很陌生，直到遇見她，才發現它其實就像現實版的尋寶遊戲。想像一下，大家根據各種線索去發現隱藏的寶藏。

同樣地，你也可以鼓勵會員分享個人故事、照片或想法，圍繞共同興趣來創造互動和討論。舉個簡單的例子，我曾經分享了一張我背著兩個孩子「雙層騎馬」的照片，標題寫著：「這週末還有誰也準備好要和孩子們一起玩樂？來留言分享你的照片吧。」

主動聯繫失聯會員

有時候，原本非常積極參與的會員會漸漸沉寂，這時你可以主動發送簡訊，關心他們是否一切安好。這樣小小的舉動，往往能重新點燃他們對社群的參與感。我們也會用短影片或語音訊息來做這件事。這也是為什麼追蹤會員活動很重要，因為這樣你就能掌握哪些會員因為缺乏參與，而有潛在退訂的風險。

像往常一樣，你不需要一次把所有方法都用上。選擇那些適合你和你社群的策略，並在你身為會員網站經營者的學習與成長過程中，保持開放態度，隨時調整運作方式。關鍵是從一開始就創造一個正向、有參與感的體驗，幫助會員有效地建立連結和參與。你可以透過保持社群的趣味性，鼓勵會員分享他們的故事，來達成這個目標。

第四十一章

管理會員成長規模

我可以坦誠地說，我經歷過初期只有少數成員、後來發展成有數千人積極互動的蓬勃社群。總有一天，你也會走到這一步，也許你現在就已經達到了。擁有數千名會員是件很棒的事，但要管理這樣的成長並不容易，甚至會讓人感到壓力極大。

我在這裡要分享幾個超簡單的策略，幫助你駕馭這個不斷變化的局面。而最簡單的做法，就是把你的社群成長分成幾個階段。

階段一：你是所有人的領袖

一切都從你開始。剛開始經營會員制度時，你通常就是那個管理社群的一人團隊。在這個初期階段，最重要的一件事，就是建立正確的期待。我知道你很想幫助大家，甚至想要全天候提供支援。但我們每個人也有自己的生活，不是嗎？如果讓大家覺得你會隨時待命回應，這其實是把雙面刃。這不僅關乎你的身心健康，也影響社群的健康和發展。如果每一個小問題都找你，會員之間反而不會彼此互動。

在早期，我的社群默默形成了一條「潛規則」：我的團隊即使在週末也會回應。但後來我決定要把話說清楚。

我在社群裡坦承，我們創業的目的就是為了擁有更多與摯愛相處的時間，所以週末我們會休息，有些貼文可能要等到週一才會回覆。這麼做既是為了我們自己，也是為了會員。你知道結果發生了什麼事嗎？社群會員很支持這個決定，還感謝我們願意守護珍貴的家庭時光。所以我的建議很簡單——一開始就建立好你的界線。對我們來說，週末就是神聖的家庭時間，我們會明確告知大家。你希望社群如何運作，就從第一天開始這麼做。

最後，記得善用工具來幫你節省時間。舉例來說，我們用 Membership.io 的「智慧對話」功能來處理所有社群會員的問題。大多數時候，會員都能自己找到需要的答案，根本不需要我或團隊額外支援。

階段二：建立志工團隊

隨著社群規模成長，你會發現自己已經無法再單獨處理所有事務，這時就進入了第二階段：志工團隊。你擁有那些了不起的高級用戶，讓你的社群充滿生命力，他們參與度高、反應快，又超優秀。如果你感覺需要協助，但又還沒準備好要聘用員工，那就表示，是時候動員這些人了。

我們社群曾創造一個非常有效的做法，就是成立所謂的「大使團隊」（Ambassador Team）。這些大使都是參與過我們整個會員制度的成員，所以對流程非常熟悉。他們能為社群帶來個人化的溫度，這是你一人經營時很難維持的。他們會歡迎新成員、營造溫暖氛圍，並在會員旅程中給予引導。

你的大使團隊將會是你的無名英雄，而你必須確保給予他們足夠的關愛與感謝，畢竟，他們投入了時間和心力，讓社群更加有活力。你可以透過感謝小卡、小禮物、定期溝通等方式來照顧這些大使，也可以在社群中給他們特別的徽章作為識別。記住，他們不是為了福利而參與，但你有責任讓他們感受到自己的獨特。這些小獎勵和他們特殊的角色，會激勵他們成為社群裡的明燈。

給予大使團隊足夠的工具和資訊，讓他們能有效代表你。你可以製作一份常見問題集，整理常見問題與回應，讓他們能像你一樣主動協助其他成員。

階段三：迎接你的社群經理

總有一天，你會需要一位專職的團隊成員來管理你的社群——也就是「社群經理」。但讓我分享一位導師曾給我的建議：「不要一頭栽進去，要循序漸進地成長。」確認自己已經先打好了堅實的基礎、建立流程，且將最佳做法記錄下來。社群經理的角色是管理你的大使團隊、提升互動，升級整個社群的體驗。

社群經理不僅僅是一名團隊成員，他們會成為社群中的重要人物，所以一定要好好介紹他們，確保所有會員都認識這個人，並把對你的信任轉移給他們。讓社群知道，這個人和你一樣關心大家的成功。

聘請社群經理應該是循序漸進的過程。可以先從兼職開始，隨著社群需求增加，再逐步轉為全職。你之前建立好的流程，會讓社群經理的上手過程更加順利。

管理社群就像人生一樣，是一段旅程。你的社群就像你的孩子一樣，會不斷成長、進化，最終成為一個欣欣向榮的生態系。有了你的投入、堅持，以及這些策略作為工具，你的社群就能順利發展，這也是讓會員長期留下的關鍵。

當我們結束這一部分有關留住會員的內容，你已經學習了豐富的策略。最後一個建議是：參考 predictableprofitsbook.com 上的寶貴資源，這些珍貴的路線圖能幫助你挑選最適合、最容易實施的會員留存策略。

但你的旅程還沒結束。你之所以在這裡，是因為你在乎的不只是事業上的獲利，更在乎你的社群、會員，以及他們的體驗。這是一段充滿興奮與獲利、同時也充滿意義與使命感的長途旅程。

行動步驟

一、前往本書網站查找資源，並試算看看提升會員留存率，會為你的事業帶來什麼影響。

二、挑選一個提升留存率的內容策略，開始實施。

三、挑選一個提升留存率的溝通策略，開始實施。

四、挑選一個提升留存率的社群策略，開始實施。

五、調漲價格，告訴大家在漲價前加入。
六、建立一套歡迎流程。
七、列出你的社群目的、文化、規則和指引。
八、了解現在處於哪個成長階段，你該建立志工團隊？還是該聘請社群經理？

"DON'T
GO INTO IT,
GROW
INTO IT"
——John Childers

不要一頭栽進去，要循序漸進地成長。
——約翰・契爾德斯

結語
發揮最大影響力

幫助你開展成功的會員制度，是我寫這本書的主要原因。（這還用說嗎？）看到我們的客戶和使用者從只有一個想法，到建立完整的會員制度，甚至打造出六位數、七位數甚至八位數收入的會員事業，真是令人振奮。如果你能將這本書中學到的知識付諸實踐，短時間內你也能實現很多成果。

但我寫這本書還有第二個原因。我真心相信，能對這個世界產生最大影響力的人就是你和我——那些透過產品幫助他人的企業家。但還有另一個原因，那就是我們有無限的賺錢潛力，這也代表我們無限的給予潛力。這正是我感到最振奮的地方——利用我們的技能來發展會員制度，然後用賺來的錢去影響我們最在乎的人的生活，也許是與家人創造難忘回憶、照顧年邁的父母，或是讓親密朋友擁有一生難忘的體驗。不管是什麼，會員制度都能幫助你達成目標。

除此之外，會員制度還能幫助你將影響力擴散到更多與你價值觀相符、致力於讓世界變得更美好的事業和組織。當你擁有可預測的獲利，不再為一次性交易疲於奔命時，你將有能力給予更多，支持你所愛的人和事，成為一股善的力量。在我看來，慷慨是最大的好處。**我們的收入沒有上限，因此我們的付出也沒有極限！**

多年前，在我經營自己的顧問事業時，我一直無法突破某個收入瓶頸，大約每年四十萬美元。每次收入接近這個門檻時，我大腦的潛意識裡就會說：「哇，這錢太多了，你賺得太多了。」那時候，我還住在父母的地下室（別笑，每個人都有起點！）。尷尬的是，那時我的事業收入大約是我父母兩人總和的兩倍。我來自藍領家庭，沒有人比我父母更努力工作。當時我一邊住在他們家的地下室，一邊賺得比他們多，工作強度卻遠遠不及他們，這讓我覺得內疚。這是一種潛意識的阻礙。

內心深處，我覺得自己不配擁有這一切。每當收入快到四十萬美元時，我就會無意識地做出一些蠢事來破壞自己的成功，比如不回客戶電話，或者停止那些明明有效的行銷活動，結果收入又會降回每年二十萬美元左右。這個數字對你來說可能多、也可能不多，但對我而言，我的大腦根本無法想像能賺超過四十萬美元，更別說打造百萬美元的事業了。

也許你也能理解某種「金錢阻礙」的感覺。如果你曾經發現自己總是卡在某個收入層級、難以突破，很可能有某種強大的潛在力量在阻礙你。其實，你的「數字」是多少並不重要；隨著你達到新的高度，它會改變。不過，你必須做出一些心態上的轉變，否則你會永遠停留在原地。正如我的朋友巴利．鮑姆加德納（Bari Baumgardner）所說：「新的一級，新的魔王。」每當你達到一個新層級，都必須面對新的限制性信念和心理障礙。如果你無法正確理解金錢的意義，那麼無論你想賺多少錢，都永遠無法達成，因為你會在潛意識裡自我破壞。

這種循環不斷重複，我始終無法突破，直到艾咪第一次帶我去肯亞。她一直喜歡到世界上的偏遠地區旅遊，並致力於為弱勢社區的人們帶來教育機會。她曾是一名教師，會因那些渴望上學，卻因為學校太遠、或需要幫父母工作來維持生計而無法上學的孩子們，深深感動。多年前我們第一次去那裡時，與當地一位名叫艾琳的女性合作建了一所學校，她現在已經和我們的慈善機構合作超過十五年了，我們都稱她為「非洲的德蕾莎修女」。有一天參觀當地時，我和某個社區主任閒聊，便問他：「我很好奇，資助一位老師的全職薪水要多少錢？」

他想了想，回答我：「大概一個月一百美元吧。」

「你的意思是，只要一百美元，我就能支付一位全職老師的薪資，讓他能教導一整班的學生？」

「沒錯。」他說。

我開始瘋狂想像各種可能性。當時，我的第一家軟體公司，單一授權的售價是九十七美元。我心想，天啊，我們只要多賣一套軟體，然後把這筆錢用來支付一位老師的全職薪水，想想我們能帶來多大的影響力！就在那一刻，我腦中真的亮起了一盞燈：如果我們能賺更多的錢呢？那我們就能付出更多！

這成為我人生中的一個巨大轉捩點，因為就在那一刻，我意識到：我賺的錢越多，我能產生的影響力就越大。幾乎是一瞬間，我對於賺錢的內疚感消失了。從那以後，我的事業從原本的四十萬美元天花板，在接下來的一年裡，收入直接躍升到數百萬美元。

讓你的事業成為善的力量

那麼你該如何讓你的事業成為一股善的力量呢？根據我的經驗，有四種主要的方式可以產生正向影響：

一、利用你的金錢

你可以產生影響力的第一種方式，就是開支票。很簡單，對吧？這也是大多數人會做的事。他們會捐款給自己關心的公益事業，或者將公司收入的一部分捐出去。我有個摯友是我高階菁英社群成員之一，她叫邦妮．克莉絲汀（Bonnie Christine）。她有很多令人敬佩的地方，但我想特別強調的是：每年她都會捐出總營收的一〇%。很多人也打算這麼做，但當錢真正進到帳戶時，再拿出來就困難多了。通常，隨著事業成長，雖然捐出去的金額變多了，但比例卻下降了。他們會開始想：「也許我只捐九%或八%就好，然後去買一台新車。」但克莉絲汀不是這樣。隨著她的事業收入成長到數百萬美元，她捐出的比例始終如一。沒錯，這意味著她每年都會捐出數十萬美元給她熱愛的人和事業，這真的很激勵人心。

二、與你的團隊一起

第二種產生影響的方式是邀請你的團隊參與。在我們公司，每個季度，只要有同仁想代表某個慈善機構提案，就可以把名字放進抽籤箱。我們隨機抽出三位同事，讓他們各自為自己熱愛的慈善機構或公益事業做五分鐘的簡報，全體團隊成員再投票選出最終的受捐單位。我們會撥出一萬美元給第一名，第二名和第三名各獲得兩千五百美元，這些同事可以親自帶著這張支票，交給他們熱愛的機構。透過這個過程，你也會發現團隊成員真正關心的議題。我們曾經捐款給婦女庇護所、自殺防治、海洋清理、動物收容所等等許多不同的組織，這不僅是一種榮耀，也是讓團隊更加緊密的美好經歷。

三、與你的社群一起

第三種方式是讓你的社群參與。這種方式非常有力量，因為隨著你的社群規模成長，你們一起募款的能力也會提升。我們曾用兩種不同的方法來實踐這件事，第一種是線上募款活動。我們曾經舉辦過一場電話研討會，邀請了六、七位朋友一起分享他們對來年的預測。（那時甚至還沒有線上會議軟體！）參加者需要付費才能收聽，而所有收入都直接捐給公益機構。第一次這麼做時，我們募集大約一萬四千美元，為一所學校添購了全新的印表機和電腦，重新粉刷了校舍，還支付了五十九位女孩的學費。現在我們每年都會舉辦這樣的預測電話會議，單場活動已經募得超過四十萬美元！

第二種讓社群參與的方法，是舉辦現場活動，這也是我們為慈善機構募款的主要方式。我經常在朋友們的活動上演講，比如沃克、迪恩．葛拉奇歐西（Dean Graziosi）、布諾松、海亞特和波特菲爾德的活動，然後提供一個觀眾本來就很想要的產品或服務，所有收益全數捐給慈善機構。我們做過A／B測試：直接請大家捐款，或者提供一個產品並將收益捐出，結果後者的募款金額總是比較高。如果現場有一千人，直接請大家捐款，運氣好能募到三萬或四萬美元；但如果提出一個產品提案，募款金額通常能達到十五萬到二十五萬美元之間。

四、利用你的事業

最後一種用金錢創造長遠影響力的方法，就是利用你的事業，將公益模式直接融入你的事業之中。這方面有許多實例可循，例如軟體公司「點擊漏斗」（ClickFunnels）的布諾松和陶德·迪克森（Todd Dickerson），他們從創業第一天起就承諾：每當平台上有一個新的漏斗上線，就捐出一美元。從第一天開始到現在多年，累計已經捐出了數百萬美元。這是種非常慷慨的募款模式，因為公益已經深深嵌入了他們的商業模式中。

霍普也用類似的方式經營她的會員制度。每有一位新會員加入，她就會捐出一份餐點，給專門幫助饑餓兒童的組織；霍金斯則將藝術用品捐給宏都拉斯的弱勢社區；凱伊則會把她大型發表活動最後一天的所有銷售收入，全部捐給她熱愛的海地慈善機構（她的兒子就是在海地領養的）。

我們公司的做法是：每一位新會員的第一個月訂閱費，直接捐給「村落影響力計畫」（Village Impact）。我們把公益直接融入事業之中，讓每一位新客戶的部分收入都流向慈善組織。如果你想在自己的事業中實踐這一點，這是個很棒的起點。把第一個月的收入捐給你熱愛的公益事業，並讓會員們知道這件事。這不是為了炫耀或逢迎討好的行銷手法，而是因為你引以為傲，並希望為你相信的公益事業籌集到最多的資源！人們其實很樂於參與善舉，只要你讓他們知道，他們的錢去了哪裡，而且他們也真正產生了影響力。

發揮金錢影響力的方法還有很多種創意做法。你有沒有去過寵物店，結帳時店員問你要不要多加兩美元幫助流浪動物？這就像是公益的「加碼捐」，你也可以發揮創意來做這件事。重點是，我希望你明白，會員制度讓我們有無數機會，擴大我們對世界的正面影響力。從小地方開始，但一定要開始。你能想像，如果有其他像你這樣有愛心的創業家，將賺到的錢用來幫助需要的人和組織，會產生什麼影響嗎？那將創造極為龐大的連鎖效應。

這就是我對你最大的期許。不僅創造一個能改變你人生的會員事業，更能慷慨回饋、改變世界。讓我們一起努力吧！

如需更多資源，例如成功案例、訪談內容與幫助你打造事業的工具，請造訪：

www.predictableprofitsbook.com

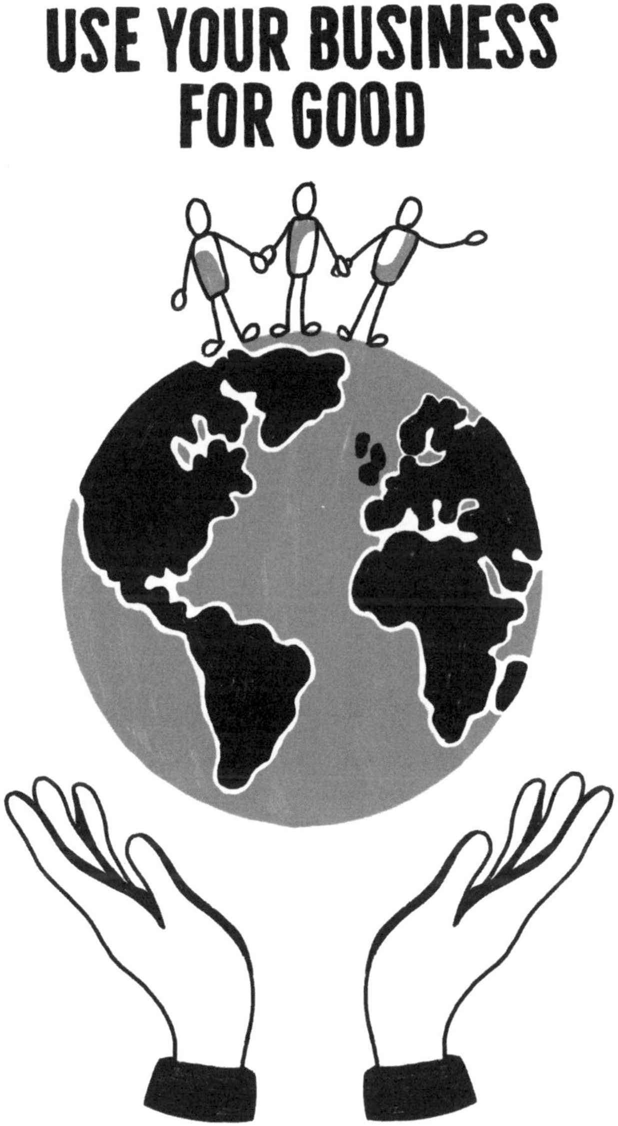
USE YOUR BUSINESS
FOR GOOD

運用你的事業做善事

注釋

1. "The Subscription Economy Index," Subscribed Institute, March 2021, https://www.amic.media/media/files/file_352_2844.pdf.
2. Frankie Karrer, "98% of U.S. Consumers Subscribe to at Least One Streaming Service," *MNTN*, https://mountain.com/blog/98-of-u-s-consumers -subscribe-to-at-least-one-streaming-service/.
3. Daniela Coppola, "Number of Amazon Prime users in the United States from 2017 to 2022 with a forecast for 2023 and 2024 (in millions)," *Statista*, July 11, 2023, https://www.statista.com/statistics/504687/number-of-amazon-prime-subscription-households-usa/.
4. Luisa Zhou, "Small Business Statistics: The Ultimate List in 2024," *Luisa Zhou Blog*, updated March 25, 2024, https://luisazhou.com/blog/small-business-statistics/.

致謝

寫書的過程中會發生一件有趣的事情——你會意識到在這段旅程中，有多少人曾經幫助過你或對你產生過影響。對我來說，這一切都始於家庭。

首先，我要感謝我了不起的妻子艾咪。誰能想到我們在去佛羅里達的巴士上那次談話，竟然引領我們共同創造了如今的生活。感謝妳一直相信我、鼓勵我、激勵我成為最好的自己。妳讓我看到了我們作為創業者能產生的真正影響，我很感激我們一起成長、相愛的方式。

接下來是我的孩子們，瑪拉和山姆。你們進入我的生活時，我的心被喜悅填滿。你們正成長為善良、堅定且勤奮的個體，我為你們感到無比自豪。永遠不要停止夢想，也要為你們想要實現的目標努力。謝謝你們每天陪我一起走路去學校……我很珍惜這段時光。

感謝爸媽——衷心感謝你們。我很幸運，因為我中了「父母頭獎」。你們每天都那麼努力工作，卻從未錯過一場我的足球比賽、學校活動或任何重要時刻。你們一直鼓勵我做自己，給了我追夢的信心。我愛你們。

謝謝菲兒，感謝妳一直是那麼有愛的姐姐，總能帶來歡樂。我喜歡我們那些「友好」的遊戲……但我更喜歡遊戲中我們的歡笑與嬉鬧。

感謝我妻子的家人琳和戴夫、尼克和拉文卓莉，以及我的嫂子和姐夫琳恩和傑克，謝謝你們的愛與支持。

我還要感謝希拉．彼絲塔（Sheila Piesta），妳以一己之力幫我們消除了九〇％的家庭壓力，為我們追逐大夢想創造了空間。妳是我們成功的重要一員。

在商業領域打拚二十多年，我很幸運建立了一些經得起時間考驗的深厚友誼。感謝波特菲爾德、布諾松、沃克、維多莉亞．拉巴爾梅（Victoria Labalme）、葛拉奇歐西、克莉絲汀、萊恩．勒維克（Ryan Levesque）、瓦茲蒙德、丹．馬泰爾（Dan Martell）、海亞特夫婦。無論是在馬賽馬拉集思廣益、合作計畫、為慈善募款，還是策劃下一次發表活動，我們的友誼都重要無比。你們每一位都對我產生了深遠的影響。

感謝我的團隊。是你們讓這些想法成為現實。我很幸運能有一支這麼支持我的團隊，大家對我們的工作充滿熱情。看到你們為客戶和使用者的成功而興奮，我的心也感到滿滿的溫暖。每次準備上線活動時一起熬夜歡笑，或是在二九〇二九活動中一同咬牙攀上高峰，都讓人覺得格外幸福！

特別感謝我的兩位商業夥伴安德魯・費拉喬利（Andrew Ferraccioli）和阿西姆・吉拉尼（Asim Gilani）。我欣賞你們的智慧、堅韌，更重要的是你們的善良。能有你們這樣關心企業、致力於服務與奉獻的夥伴，是我的福氣。你們每年承擔我們「村落影響力計畫」的營運費用，這讓我至今仍由衷感激。我們一起創立了了不起的事業，但我更期待未來的發展。對你們的感激超乎言表。

感謝我的執行助理桑默，妳是我的第二顆大腦、發想夥伴，也是我行事曆的守門人，這輩子我都欠妳無數個擁抱。妳總是充滿正能量，簡直是上天賜予的禮物。我永遠感激妳讓我井然有序、走在正軌上。

在這段旅程中，我遇見了一些令人敬佩的導師和深深影響我的貴人。有些只是一面之緣，有些則成為一生的摯友。

特別感謝鮑伯・烏里查克（Bob Urichuck）、尤里・查布爾斯基（Juri Chabursky）、弗恩・馬丁（Vern Martin）、契爾德斯、莫林、亞歷克斯・曼多西安（Alex Mandossian）和約翰・里斯（John Reese）。

但我想特別提一位導師——崔西。每年八月二十九日，我都會慶祝「崔西日」，因為他曾發郵件提出以一筆極其慷慨的捐款，換取我向他和團隊傳授會員網站知識。那個舉動徹底改變了我的人生。你給我的鼓勵信件、對我們慈善事業的支持和商業見解，影響難以言表。希望這本書能讓你感到驕傲，並繼續傳遞正能量。

除了導師，我也很幸運參加過許多菁英學習社群。我的「平台菁英」（Plat mastermind）團隊已陪伴我超過十年，是我事業旅程中的一條生命線。我珍惜從這個團體中建立的每一段關係，也無比感激大家所分享的集體智慧。特別鳴謝鮑姆加德納、布魯・梅爾尼克（Blue Melnick）、米歇爾・法爾松（Michelle Falzon）、格林、艾琳・巴德（Ellyn Bader）、傑森・弗里德曼（Jason Friedman）、約翰・加拉格爾（John Gallagher）、蓋瑞特、安妮・海曼・普拉特（Annie Hyman Pratt）、布萊恩・庫爾茨（Brian Kurtz）、麥可・梅登斯（Michael Maidens）、里克・麥克法蘭（Rick McFarland）、奧利維・羅蘭（Olivier Roland）、里卡多・特謝里亞（Ricardo Teixeria）、法魯克・什羅夫（Farukh Shroff）、雪莉・布蘭德（Shelley Brander）、露絲・布欽斯基（Ruth Buczynski）、艾略特・康妮（Elliott Connie）、維克多・達馬西奧（Victor Damasio）、賽巴斯蒂安・奈特（Sebastien Night）、雷切爾・米勒（Rachel Miller）、西格倫（Sigrun）、威爾・漢密爾頓（Will Hamilton）、歐西恩・羅賓斯（Ocean Robbins）等朋友。

我還要感謝前商業夥伴崔西・契爾德斯（Tracy Childers）。「願望清單會員公司」為我今天所做的一切打下了基礎，感謝你。

非常感謝賀氏書屋團隊。這本書需要很多耐心，感謝你們引導這個新手作者完成出版過程。特別感謝莉莎・程（Lisa Cheng）和莫妮卡・奧康納（Monica O'Connor），協助我把書順利完成。

感謝我的寫作夥伴麗茲・莫洛（Liz Morrow），你是珍寶、是技藝高超的專家，讓寫書變得輕鬆又有趣。有時我們討論會員策略，有時聊社群故事，有時又因為冷笑話笑到流淚。我們成了好朋友，期待我們未來寫更多書。

最後，感謝我們了不起的社群。你們的故事和在會員制度中幫助他人的努力，讓我充滿熱情。我們共同創造的影響力巨大，一點一滴地讓世界變得更好。

特別鳴謝IMPACT菁英學習社群裡的每一位（許多人都在本書中出現）：艾力克斯・卡托尼（Alex Cattoni）、凱伊、阿里・昂斯特（Ali Aungst）、本・哈迪博士（Dr. Ben Hardy）、貝絲・佩恩特—馬格內蒂（Beth Paynter-Magnetti）、克莉絲汀、斯諾登、凱特琳・米切爾（Caitlin Mitchell）、丹妮爾・拉波特（Danielle LaPorte）、黛比・斯坦伯格・昆茨（Debbie Steinberg Kuntz）、卡崔娜・塞昆齊亞（Katrina Sequenzia）、萊斯利・維尼克（Leslie Vernick）、曼努埃拉—維多利亞・費爾梅利（Manuela-Victoire Fermely）、馬克・格羅夫斯（Mark Groves）、梅根・海

亞特・米勒（Megan Hyatt Miller）、威爾頓、彼得・強森（Peter Johnson）、雷・愛德華茲（Ray Edwards）、威廉斯、帕里、波普、布拉德利和達夫尼斯。你們以最頂尖的狀態全力以赴，我喜歡你們彼此扶持的方式。

另外，也要和Connect菁英學習社群的每一位成員大大擊掌。看到你們將想法付諸實行，然後在下一次會議中帶回令人驚豔的成果，真的讓人深受激勵。能和你們一起同行，是我的榮幸，我最喜歡的就是我們的社群。

感謝我們整個「會員體驗」社群，謝謝你們給我分享的機會。朋友們，繼續前進，你們的工作很重要。

最後，我想花點時間感謝你！你會拿起這本書，一定有你的理由。我猜，或許你心中有一些想分享的事物，能幫助到他人。請把你從這本書學到的知識付諸行動，今天就開始打造你的會員制度吧！記住，一開始這只是一個實驗，不要想太多，保持簡單。就像崔西在我還沒相信自己時就相信了我一樣，我也想讓你知道，你百分之百可以做到。經常性收入也可以成為你的現實，但你必須開始。祝你一切順利。

新商業周刊叢書　BW0873

訂閱變現

打造10萬潛在客戶，讓會員價值飆3倍！揭開高轉換率、高續訂率的祕密

原文書名／Predictable Profits: Transform Your Business from One-Off Sales to Recurring Revenue with Memberships and Subscriptions
作　　者／史都．麥克拉倫（Stu McLaren）
譯　　者／許可欣
編輯協力／JUJU內容整合工作室
責任編輯／鄭凱達
企劃選書／黃鈺雯
版　　權／顏慧儀
行銷業務／周佑潔、林秀津、林詩富、吳藝佳、吳淑華

總編輯／陳美靜
總經理／賈俊國
事業群總經理／黃淑貞
發行人／何飛鵬
法律顧問／元禾法律事務所　王子文律師
出　　版／商周出版　115台北市南港區昆陽街16號4樓
電話：(02)2500-7008　傳真：(02)2500-7579
E-mail：bwp.service@cite.com.tw
發　　行／英屬蓋曼群島商家庭傳媒股份有限公司　城邦分公司
115台北市南港區昆陽街16號8樓
電話：(02)2500-0888　傳真：(02)2500-1938
讀者服務專線：0800-020-299　24小時傳真服務：(02)2517-0999
讀者服務信箱：service@readingclub.com.tw
劃撥帳號：19833503
戶名：英屬蓋曼群島商家庭傳媒股份有限公司城邦分公司
香港發行所／城邦（香港）出版集團有限公司
香港九龍土瓜灣土瓜灣道86號順聯工業大廈6樓A室
電話：(852)2508-6231　傳真：(852)2578-9337
E-mail：hkcite@biznetvigator.com
馬新發行所／城邦（馬新）出版集團 Cite (M) Sdn Bhd
41, Jalan Radin Anum, Bandar Baru Sri Petaling, 57000 Kuala Lumpur, Malaysia.
電話：(603)9056-3833　傳真：(603)9057-6622
E-mail：services@cite.my

國家圖書館出版品預行編目(CIP)數據

訂閱變現：打造10萬潛在客戶，讓會員價值飆3倍！揭開高轉換率、高續訂率的祕密/史都．麥克拉倫（Stu McLaren）著；許可欣譯. -- 初版. -- 臺北市：商周出版：英屬蓋曼群島商家庭傳媒股份有限公司城邦分公司發行，2025.08
面；　公分. --（新商業周刊叢書；BW0873）
譯自：Predictable profits: transform your business from one-off sales to recurring revenue with memberships and subscriptions
ISBN　978-626-390-590-0（平裝）
1.CST：商業管理　2.CST：銷售管理　3.CST：行銷策略　4.CST：利潤
496.52　　114007767

封面設計／萬勝安　　內文設計排版／唯翔工作室
印　　刷／韋懋實業有限公司
經 銷 商／聯合發行股份有限公司　電話：(02)2917-8022　傳真：(02)2911-0053
地址：新北市231新店區寶橋路235巷6弄6號2樓

城邦讀書花園
www.cite.com.tw

ISBN／978-626-390-590-0（紙本）978-626-390-588-7（EPUB）
定價／480元（紙本）330元（EPUB）

2025年8月7日出版

版權所有．翻印必究（Printed in Taiwan）

PREDICTABLE PROFITS
Copyright © 2025 by Stu McLaren
Originally published in 2025 by Hay House LLC.
Complex Chinese Translation copyright © 2025 by Business Weekly Publications, a division of Cité Publishing Ltd.
through Bardon-Chinese Media Agency 博達著作權代理有限公司
ALL RIGHTS RESERVED